CONTRIBUTION A L'ÉTUDE

DES

GOMMES LAQUES

DES INDES & DE MADAGASCAR

PAR

Albert GASCARD

LICENCIÉ ÈS-SCIENCES PHYSIQUES — PHARMACIEN DE 1ʳᵉ CLASSE (DIPLÔME SUPÉRIEUR)
EX-PRÉPARATEUR ET LAURÉAT DE L'ÉCOLE SUPÉRIEURE DE PHARMACIE
ANCIEN INTERNE DES HÔPITAUX DE PARIS
PROFESSEUR SUPPLÉANT CHARGÉ DE COURS A L'ÉCOLE DE MÉDECINE ET DE PHARMACIE
PHARMACIEN DES HÔPITAUX DE ROUEN

Suivie d'une note de M. TARGIONI TOZZETTI sur les Cochenilles à laque.

PARIS

SOCIÉTÉ D'ÉDITIONS SCIENTIFIQUES

PLACE DE L'ÉCOLE DE MÉDECINE

4, Rue Antoine-Dubois, 4

1893

CONTRIBUTION A L'ÉTUDE DES GOMMES LAQUES

DES INDES ET DE MADAGASCAR

CONTRIBUTION A L'ÉTUDE

DES

GOMMES LAQUES

DES INDES & DE MADAGASCAR

PAR

Albert GASCARD

LICENCIÉ ÈS-SCIENCES PHYSIQUES — PHARMACIEN DE 1re CLASSE (DIPLÔME SUPÉRIEUR)
EX-PRÉPARATEUR ET LAURÉAT DE L'ÉCOLE SUPÉRIEURE DE PHARMACIE
ANCIEN INTERNE DES HÔPITAUX DE PARIS
PROFESSEUR SUPPLÉANT CHARGÉ DE COURS A L'ÉCOLE DE MÉDECINE ET DE PHARMACIE
PHARMACIEN DES HÔPITAUX DE ROUEN

Suivie d'une note de M. TARGIONI TOZZETTI *sur les Cochenilles à laques.*

PARIS

SOCIÉTÉ D'ÉDITIONS SCIENTIFIQUES

PLACE DE L'ÉCOLE DE MÉDECINE

4, Rue Antoine-Dubois, 4

1893

TABLE DES MATIÈRES

Première Partie. — **Gomme laque des Indes.**

Deuxième Partie. — **Gomme laque de Madagascar.**

Notes de M. Targioni Tozzetti.

AVANT-PROPOS

Lorsque nous étions préparateur à l'École supérieure de Pharmacie, nous avons eu l'occasion d'étudier une nouvelle espèce de gomme laque, originaire de Madagascar.

L'histoire chimique de la gomme laque des Indes, qui devait nécessairement nous servir de guide, étant à peine ébauchée, nous avons tout d'abord entrepris son étude. Une seule des parties constituantes de cette gomme laque, la cire, nous a donné des résultats précis; et encore celle-ci nous a-t-elle retenu assez longtemps, les méthodes, employées pour la séparation des composés à poids moléculaire élevé, étant en effet d'une application pénible et surtout très longue.

Dans ce travail nous donnons le résultat des recherches faites sur deux gommes laques différentes : celle des Indes est employée journellement ; la France en importe chaque année pour une somme d'environ 1 million de francs.

Celle de Madagascar n'a pas encore reçu d'application en Europe ; nous n'avons pas pu nous en procurer d'autre échantillon que celui existant au laboratoire de l'École de Pharmacie de Paris et qui provenait de l'Exposition universelle de 1867.

La première partie de cet exposé est consacrée à l'étude de la gomme laque des Indes et de l'alcool myricique ; la seconde à l'étude de la gomme laque de Madagascar.

Ce travail, commencé au laboratoire de recherches de l'École supérieure de Pharmacie de Paris, a été continué à l'École préparatoire de Médecine et de Pharmacie de Rouen. Pendant ces deux périodes M. le Professeur Jungfleisch n'a cessé de nous aider de ses judicieux conseils ; nous le prions de recevoir l'expression de notre profonde reconnaissance.

Au cours de cette étude chimique, nous avons été amené à résoudre des questions d'histoire naturelle. Il était en effet intéressant de savoir sur quel végétal et sous l'influence de quel insecte se produit la gomme laque de Madagascar. Au milieu des morceaux de cette résine, on voit un fragment de la branche qui supportait la gomme laque et autour de ce rameau, se trouvent les résidus des insectes englobés dans la résine. Nous pensions que l'on rencontrerait peut-être là des éléments suffisants pour une détermination, mais nous étions tout à fait incapable de la faire.

Nous avons eu la bonne fortune de rencontrer deux savants aussi complaisants qu'éminents qui, chacun dans leur spécialité, se sont efforcés d'arriver à cette détermination. Les résultats qu'ils ont obtenus sont loin d'être la partie la moins intéressante de cette thèse. M. le Professeur Guignard a pu établir par l'étude histologique du rameau que celui-ci appartient probablement au groupe des Perséacés de la famille des Lauracées.

Monsieur le professeur Targioni Tozzetti, de Florence,

a reconnu que l'insecte appartenait à un genre nouveau;
il a décrit cet insecte et lui a donné le nom de *Gascardia
Madagascariensis.*

Nous prions ces deux savants éminents d'agréer l'assu-
rance de notre vive gratitude.

Monsieur Targioni Tozzetti nous a communiqué en outre
des observations nouvelles sur l'insecte de la gomme laque
des Indes, dont nous lui avions adressé quelques échantillons. Ce travail important formera une annexe à cette
thèse.

PREMIÈRE PARTIE

Gomme laque des Indes

Chapitre I

Historique

La laque des Indes se récolte sur des arbres de genres très différents (1) où elle se forme sous l'influence de la piqûre d'un insecte hémiptère. le Carteria lacca. Sign. (Tachardia lacca, R. Bld. 1886.) (2)

La laque se trouve dans le commerce sous trois formes qui dérivent l'une de l'autre.

1° La *laque en bâtons* est la forme naturelle, le produit adhère aux branches sur lesquelles il a pris naissance.

2° La *laque en grains* n'est que la précédente brisée par fragments et séparée du rameau. Souvent elle a été

---

(1) Ficus, mimosa, Rhamnus, Croton, Anona, Butea, Aleurites, Schleichera.

(2) Synonymie coccus lacca (Ker).
        » ficus (Fabricius, Gmelin, Olivier).
    chermes lacca (Rox Burgh).
    coccus lacca (Auct).
    carteria lacca (Kunckel d'Herculaïs).
R. Blanchard, thèse d'agrégation, fac. méd. de Paris, 1883, p. 32 et 41.

épuisée par l'eau qui enlève une grande partie de la matière colorante.

3° La *laque en plaques* provient de la fusion des précédentes ; on la trouve colorée ou blanche suivant le traitement qu'elle a subi.

Au point de vue chimique, la première et la deuxième ne diffèrent pas sensiblement ; la troisième se distingue par l'absence des matières infusibles et par l'altération plus ou moins grande de la matière colorante.

Voici ce que Unverdorben (1) écrivait sur la laque en 1828 :

« Si l'on épuise, par l'alcool à 60° bouillant, la laque en grains, et qu'on filtre à chaud, il reste sur le filtre une matière blanchâtre, filamenteuse, mélangée d'impuretés, soit (α) cette matière. La solution filtrée laisse déposer par le refroidissement une partie brune gélatineuse (γ). Enfin la solution évaporée laisse une autre partie (β) ».

α.) est composé de débris d'insectes, de fragments de bois et d'une matière jaunâtre transparente, que John (2) a nommée Lackstoff. Cette substance a été depuis signalée par tous les auteurs mais sa nature n'a pas été déterminée ; pour John c'est une résine insoluble dans l'alcool.

Ce mélange (α) épuisé par l'alcool à 84°, par l'éther et par le pétrole, cède à ces dissolvants une certaine quantité de cire.

β) est un mélange de résine que Unverdorben a étudié. Par des traitements, extrêmement compliqués, il a séparé plusieurs groupes de résines, il ne croit pas qu'on

(1) Unverdorben. Annales de Poggendorf, 1828, 14-116.
(2) John (chem. Schriften, 5. 1).

puisse isoler complètement les résines de la gomme laque, sauf une seule qu'il appelle F et qu'il a obtenue cristallisée.

γ) se dépose, en masse gélatineuse, par refroidissement de l'alcool à 60°. D'après Unverdorben, elle n'est soluble que dans l'alcool bouillant. Par une ébullition prolongée avec la potasse, elle se décompose, et la solution, additionnée d'un acide, donne un précipité goudronneux qui cède, à l'huile de pétrole, les acides stéariques et oléiques qui se sont formés pendant l'ébullition avec la potasse ; il ne dit pas comment il a caractérisé ces acides.

Berzelius (1), en traitant par les alcalis la gomme laque décolorée au chlore, obtint une matière blanche, insoluble, qui n'est autre que la cire. Elle se dissout dans l'alcool bouillant et se dépose, par le refroidissement, en une gelée (2) incolore et demi-transparente ; il lui refuse le nom de cire, donné à ce produit par d'autres auteurs, parce que, dit-il, elle ne se combine pas aux alcalis comme les cires et se laisse distiller, dans le vide, sans altération ?

Malgré cette opinion de Berzélius, il n'est pas douteux que ce produit doit être considéré comme une cire, c'est son étude que nous avons poursuivie spécialement.

Résumons l'opinion des chimistes du commencement de ce siècle en donnant les analyses publiées par John et par Hatchett.

(1) Berzelius. Annales de Poggendorf, 1827, 10 255.

(2) Ce précipité, examiné au microscope se montre formé d'aiguilles très molles qui retiennent une grande quantité de liquide, la moindre pression de la lamelle les détruit.

JOHN		HATCHETT	En bâtons	En grains	En plaque
Résine (5 corps resinoïdes)	66,55				
Substance particulière (Lackstoff)	16,70	Résine	68,0	88,5	90,9
Matière colorante	3,75	Mat color.	10,0	2,5	0,5
Extractif	3,92	Cire	6,	4,5	4,0
Acide particulier (laccique)	0,62	Gluten	5,5	2,	2,8
Chitine	2,08	Corps étrang.	6,5	0,0	0,0
Matière cireuse	1,67	Perte.	4,	2,5	1,8
Sels	1,04		100	100	100
Sable et terre	0,62				
	100				

La matière colorante est soluble dans l'eau, elle a reçu des applications en teinture et présente de grandes analogies avec l'acide carminique du carmin. Schmidt (1) en a extrait un acide de formule $C^{16} H^{12} O^2$.

On voit, par ce résumé historique, que la chimie de la gomme laque était peu avancée vers 1830. Depuis cette époque, aucune publication n'a été faite sur ce sujet.

En 1886, nous avons préparé une certaine quantité de cire de la gomme laque et isolé de cette cire un éther (2) auquel nous attribuions tout d'abord la formule $C^{52} H^{52}$ ($C^{60} H^{60} O^4$) ou en notation atomique $C^{30} H^{59} O^2 — C^{26} H^{53}$.

Une étude plus approfondie nous a montré que l'alcool retiré, par saponification de ce nouvel éther, n'était autre que l'alcool myricique, mais que le point de fusion attribué jusqu'ici à l'alcool myricique était trop faible.

A la même époque, MM. Rudolf Benedikt, Edmond

(1) Laccaïne saure. — Smidt Berichte. — 20 — 1288. En 1816 (Annales de Chimie et de Physique, T. I, page 443). John avait retiré de la laque un acide soluble dans l'eau auquel il avait donné le nom d'ac. laccique sans en donner la formule.

(2) Gascard, Journal de pharmacie et de chimie, 5e série, tome 17, page 506.

Ehrlich et Ferdinand Ulzer (1) essayèrent d'appliquer, à la gomme laque, la méthode des oxydations qui avait donné à Hlasivetz de si brillants résultats.

Ils reconnaissent d'abord qu'ils ont rencontré dans ce travail de grandes difficultés qu'ils n'ont qu'en partie vaincues.

Ils ont constaté que :

1° Une grande partie de la résine de gomme laque en plaques se transformait, sous l'influence des alcalis étendus, en une masse semblable à un « baume » qu'ils ont appelée « laque liquide. »

2° Que la résine, débarrassée de cire, puis oxydée par le permanganate de potasse en solution fortement alcaline, donnait un rendement abondant en acide azélaïque.

Cette seconde partie est très intéressante : en oxydant 100 gr. de résine, ils ont obtenu 20 gr. d'acide azélaïque purifié, une forte portion de la laque liquide avait échappé à l'oxydation. Ce résultat tend à prouver que la résine de la laque est formée de principes appartenant à la série grasse.

Chemin faisant MM. Benedikt et Ulzer ont entrepris l'étude de la cire.

Ils séparaient cette cire en traitant la laque en plaques par une solution de carbonate de soude, qui dissout la résine et laisse la cire, le rendement était de 0,5 à 1 %, et la cire obtenue, de couleur gris jaunâtre, fondait à 59-60°.

Sans chercher à isoler les principes immédiats, qui constituent par leur mélange la cire de laque. MM. Benedikt et Ulzer ont saponifié la masse et ils ont étudié,

(1) Monatshefte für Chemie, 1888, p. 137.

d'une part, les alcools, d'autre part les acides. Pour atteindre ce but, le produit de la saponification est précipité par le chlorure de calcium ; le précipité, après dessiccation, est épuisé par l'alcool éthylique bouillant, qui enlève les alcools de cire.

Ces alcools, transformés en éthers acétiques, sont séparés en deux groupes par l'éther qui dissout l'un et pas l'autre. La partie soluble fond à 65° ; saponifiée, elle donne l'alcool cerylique fondant à 79° ; la partie insoluble fond à 70° et donne, par saponification, l'alcool myricique fondant à 85°,5.

Le savon calcaire, débarrassé des alcools, sert à l'obtention des acides ; ceux-ci sont mis en liberté par l'acide chlorhydrique. Le rendement fut très faible, ce qui ne leur permit pas l'étude des acides gras séparément ; ils ajoutent cependant que ces acides sont formés d'acide stéarique palmitique et oléique, sans indiquer comment ils les ont caractérisés.

Le faible rendement de la cire en acide gras leur fit penser qu'elle renfermait des alcools libres. Le dosage de ces alcools libres à donné 50 %.

Chapitre II

Préparation de la Cire de laque.

Deux méthodes permettent de séparer la cire et la résine de la laque : celle d'Unverdorben (en prenant de l'alcool à 95°, au lieu de l'alcool à 60°) ; et celle de Berzelius modifiée par MM. Benedikt et Ulzer.

Nous avons appliqué, pendant quelque temps, la première de ces méthodes à la gomme laque en grains ; mais, lorsqu'on veut obtenir une certaine quantité de cire, ce procédé devient très-pénible et exige des quantités considérables d'alcool, la gomme laque en grains ne renferme en effet que 2 à 3 $^o/_o$ de cire.

Nous nous sommes alors adressé à un industriel (1) préparant des solutions alcooliques de gomme laque, destinées à la confection des vernis. Ces solutions sont faites à chaud et filtrées après refroidissement, de sorte que la cire se trouve complètement dans la partie qui reste sur les filtres. Pendant le refroidissement, la cire a cristallisé en aiguilles très fines et très molles qui donnent à la masse un aspect gélatineux et qui, en outre, retiennent une grande quantité de la liqueur dans laquelle elles se sont formées. Il en résulte que les résidus en question renferment, avec la cire, une grande quantité

____

(1) M. Querolle nous a offert 200 kilogrammes de ces résidus, d'où nous avons extrait plus de 12 kilog. de cire. Nous prions M. Querolle d'agréer nos remerciements.

d'alcool et par suite une partie de la résine que cet alcool devait dissoudre, plus un peu de matière colorante.

Nous avons trouvé à ces résidus la composition suivante :

```
Cire........................ ....      7
Alcool........ ...................    30
Résine ...........................    25
Papier à filtrer fortement
    imprégné de résine ...........    38
                                     ——
                                     100
```

La masse est hétérogène, de couleur brune, de consistance assez molle pour prendre la forme des vases qui la renferment ; la densité est de 0,97 environ.

On pourrait appliquer à ces résidus le traitement d'Unverdorben ; toutefois, le procédé que nous avons suivi est beaucoup plus avantageux, il repose sur l'observation que voici :

Quand on chauffe, au bain-marie, la masse pâteuse, désignée précédemment, elle se liquéfie, grâce à ce que la cire se trouve en partie dissoute et en partie émulsionnée, dans la solution alcoolique de résine, qu'elle retenait à froid entre ses cristaux microscopiques. Si on distille l'alcool sans remuer la masse, la solution alcoolique de résine, se concentrant de plus en plus, s'épaissit, tandis que la cire, fondue, très fluide, vient surnager. Il arrive un moment où la cire se trouve complètement séparée de la résine, sans que celle-ci ait acquis l'état solide ; il est facile alors de décanter la cire liquide, puis de détacher la résine avec un instrument approprié.

Si on continue l'évaporation de l'alcool au delà de ce point, le rendement de la cire n'augmente pas sensiblement, elle se colore davantage et son point de fusion s'abaisse, de plus la résine acquiert une consistance telle qu'il devient à peu près impossible de l'extraire du récipient.

L'appareil qui nous a servi était composé de la façon suivante :

Dans un bain-marie salé, maintenu à niveau constant, plonge une bassine de 25 à 30 litres, qui recevra le produit à distiller. Celle-ci est surmontée d'un cône en cuivre dont la base entre à frottement dans l'intérieur de la bassine, un bourrelet d'étoffe complète ce joint imparfait. La partie supérieure du cône, terminée par un tube de cuivre, est reliée à l'aide d'un tuyau de caoutchouc au serpentin d'un réfrigérant. Une trompe, reliée à l'autre extrémité du réfrigérant, produit une aspiration et empêche ainsi les vapeurs d'alcool de s'échapper par le joint, qui réunit le cône à la bassine.

Afin de séparer les matières étrangères, composées surtout de papier provenant des filtres, nous avons construit une sorte de corbeille, en treillage de fil de fer, qui entrait complètement dans la bassine. Cette corbeille recevait à chaque opération 8 à 10 kg. de notre matière première.

Dans la première phase de l'opération, on ménageait l'action de la trompe, le cône fonctionnait en partie comme réfrigérant à reflux, on opérait en effet dehors, par crainte d'incendie, et la température était peu élevée à cette époque. Lorsque la masse était liquéfiée, ce qu'il était facile de voir en soulevant légèrement le cône, on enlevait la corbeille et avec elle les impuretés de gros volume. A partir de ce moment le cône était recouvert d'une enveloppe de drap pour éviter son refroidissement, et l'on activait le débit de la trompe. L'alcool distillait. Un flacon laveur, placé entre le récipient, qui recevait l'alcool, et la trompe, retenait les vapeurs entraînées par l'aspiration. Quand le moment favorable était arrivé, on enlevait la bassine et on décantait la cire. On aurait pu employer ici une bassine à fermeture hydraulique, mais l'appareil que nous avons utilisé présentait cet avantage que, à part le cône de cuivre que nous avons construit nous-même avec une grande plaque de clinquant, il ne renfermait que des pièces existant déjà dans le laboratoire.

La distillation de l'alcool est assez longue et l'opération doit être faite en une seule fois; car, si on arrête l'opération pour recommencer le lendemain, souvent la masse ne devient plus assez fluide pour permettre la formation de courants et le centre ne s'échauffant que par conductibilité n'atteint pas alors une température suffisante pour fondre la cire. Une partie de celle-ci se trouve perdue.

Afin de séparer les matières solides, de petit volume, entraînées, on filtrait la cire sur une flanelle placée dans une étuve maintenue à 100°. Les entrées d'air étaient obturées, et l'on versait, par un tube à entonnoir sortant du milieu de la cheminée, la cire, préalablement liquéfiée au bain-marie. Nous nous sommes arrêtés à ce procédé de filtration après de nombreux essais, dans lesquels nous avons reconnu que la cire fondue s'altérait en absorbant l'oxygène de l'air.

Pendant cette filtration la cire laisse dégager une petite quantité de vapeur d'alcool éthylique qu'elle avait dissous.

Ainsi préparée la cire renferme des traces de résine et de matière colorante en proportion d'autant moindre qu'on a décanté la cire plus tôt.

Propriétés. — La cire de gomme laque est jaune rougeâtre, elle se casse facilement. Sa densité varie de 0,980 à 0,970 suivant qu'elle est amorphe ou cristalline.

Elle fond à 76°-77° et cristallise en partie en se solidifiant si le refroidissement est lent.

Son odeur est agréable . et rappelle celle de la laque chauffée. Elle est plus dure, plus cassante, plus dense et fond à une température plus élevée que la cire d'abeille. Ses propriétés, sauf la couleur, la rapprochent de la cire de Carnauba.

MM. Benedikt et Ulzer ont trouvé, pour le point de fusion de la cire de gomme laque, 59°-60°, nombre très-différent de celui que nous indiquons. En préparant de la cire avec plusieurs échantillons de gomme laque, en grains et en bâtons, nous avons toujours obtenu un point de fusion voisin de 76°, même lorsque nous employons le procédé d'extraction de MM. Benedikt et Ulzer, qui consiste à épuiser la laque par une solution de carbonate de soude à chaud ; la résine se dissout et la cire vient surnager (1).

A froid, la cire de laque est à peu près insoluble dans tous les dissolvants ; à chaud elle se dissout dans les liquides riches en carbone.

La solubilité de la cire présente des anomalies intéressantes à signaler. Un gramme de cire se dissout dans 10^{cc} d'alcool absolu à l'ébullition, mais ne se dissout pas complètement si, au lieu de 10^{cc} on prend 20^{cc} ou davantage ; autrement dit, la solution limpide, qu'on obtient en dissolvant un gramme de cire dans 10^{cc} d'alcool absolu bouillant, précipite si on l'étend d'alcool absolu bouillant.

Ce fait en apparence paradoxal s'explique ainsi : la

(1) Nous verrons dans la suite que la cire de MM. Benedikt et Ulzer renfermait plus d'alcool cerylique que celles que nous avons examinées ; c'est là sans doute la cause de l'abaissement du point de fusion.

cire est formée de plusieurs principes, dont l'un au moins est insoluble dans l'alcool, même à chaud, mais soluble dans une solution concentrée des autres; quand on dilue cette solution sa solubilité diminue.

Néanmoins, l'alcool ne nous a pas permis d'effectuer une séparation ; en vain, nous avons fait varier le degré centésimal et la température, toujours nous avons obtenu des mélanges à point de fusion variable.

Les principes, qui entrent dans la composition de cette cire, s'entraînent les uns les autres avec une grande énergie ; il semble même qu'ils puissent former des combinaisons moléculaires comme le fait suivant le laisse supposer : la benzine chaude dissout complètement la cire de la gomme laque et laisse déposer des cristaux par le refroidissement. Ces cristaux fondent à une température plus élevée que la cire brute. Si on répète les cristallisations, le point de fusion s'élève de plus en plus pour s'arrêter à 84°. A partir de ce point on peut multiplier les cristallisations, la température de fusion ne change pas et cependant ce n'est pas en présence d'un produit défini que l'on se trouve, car le point de fusion se modifie si on change le dissolvant. Ce n'est pas non plus une combinaison analogue aux hydrates, le séjour dans le vide à une température de 100° n'amenant aucune modification.

Nous avons pu séparer de cette cire de laque un principe insoluble dans l'alcool. Avant d'en entreprendre l'étude, donnons quelques essais préliminaires qui permettront de se faire une idée approximative de la nature des principes qui composent cette cire.

Dosage des acides. — On prend 100ᶜᶜ d'alcool, on y ajoute quelques gouttes de phtaléine, puis quelques gouttes d'une solution alcoolique de potasse titrée, on dissout alors, dans cet alcool chauffé au bain-marie, 2 gr. 94 de cire brute; la solution ne se décolorant pas, on en conclut que la cire ne contient pas d'acide libre. Pour doser les acides, qui s'y trouvent à l'état d'éthers, on ajoute 20^{cc} de solution alcoolique de potasse et on fait bouillir 4 heures. On dose avec une solution alcoolique d'HCl, titrée au moment de l'expérience, la quantité de potasse qui reste. On trouve ainsi que pour saponifier 100 gr. de cire il faut 9 gr. 63 de KOH.

Dans une seconde opération on fait bouillir pendant *douze heures* 3 gr. 331 de cire brute, prélevée sur le même échantillon, avec 55^{cc} de la même solution alcoolique récemment titrée; après les douze heures d'ébullition on dose la potasse restée libre. On trouve ainsi que 100 gr. de cire exigent pour leur saponification 10 gr. 68 de KOH. Ce nombre, sensiblement supérieur au précédent, prouve que quatre heures d'ébullition ne sont pas suffisantes pour produire une saponification complète.

Recherche de la glycérine. — Nous avons cherché la glycérine dans le produit de plusieurs saponifications ; le résultat a toujours été négatif.

Voici la marche suivie :

Le produit de la saponification est en solution à chaud dans l'alcool ; par refroidissement, il se dépose des cristaux d'alcool de cire et de sel de potasse ; on filtre, puis on neutralise l'excès de potasse par l'acide sulfurique, on filtre de nouveau pour séparer le sulfate de potasse et l'on distille l'alcool. Le résidu de la distillation est repris par l'eau distillée, la solution filtrée est évaporée au bain marie, enfin le résidu est repris par l'alcool qui n'abandonne presque rien par évaporation ; dans tous les cas ce résidu ne donne pas d'iodure d'allyle, quand on le traite par l'iodure de phosphore, ni d'acroleine par le bisulfate de potasse à chaud. Il n'y a donc pas de glycérine dans cette cire.

Dosage des alcools libres. — Le procédé suivi consiste à éthérifier les alcools en chauffant la cire en tube scellé avec un excès d'anhydride acétique. — La quantité d'acide acétique fixée permet de calculer la quantité d'alcool libre (1).

Voici le détail d'une expérience : On chauffe, en tube scellé à 140 pendant 6 heures, 5 gr. 793 de cire brute de gomme laque avec 5^{cc} d'anhydride acétique. Le produit est fondu dans l'eau, puis exposé en couche mince dans le vide au-dessus de la KOH ; il pèse alors 7 gr. 456 ; deux jours après, son poids est 6 gr. 084, et deux nouveaux jours après, 6 gr. 083.

L'augmentation de poids a donc été 6 gr. 083 — 5,793 = 0,290, ce qui fait 5 %. Si on suppose qu'il n'y a pas eu de perte pendant l'opération, et qu'il ne reste plus d'acide libre, on pourrait en déduire la quantité d'acide acétique fixée.

En effet, une molécule (436 gr.) d'alcool mélissique (2) en se transformant en éther acétique augmente de 42 gr. ($C^2 H^4 O^2 — H^2 O = 60 - 18 = 42$). Si à 42 gr. d'augmentation correspond 436 gr. d'alcool myricique à 5 gr correspondrait $\frac{436 \times 5}{42} = 51,19$, il y aurait donc 51,19 % d'alcool libre, en supposant que cet alcool libre soit de l'alcool myricique.

(1) Benedikt. — Zeitschrift f. d. chemie Industrie, t. I, p. 149.

(2) Nous verrons dans la suite que les alcools de cire sont formés d'un mélange d'alcool myricique et cerylique dans lequel le premier se trouve en quantité prépondérante.

Si on ne veut pas préjuger on peut dire que la cire renferme $\frac{5}{42}$ de molécule d'alcool libre, quel que soit d'ailleurs le poids moléculaire de l'alcool.

Généralement ce n'est pas ainsi qu'on opère, on saponifie le produit acetylé. Nous en prenons 2^{g}9224 qu'on dissout dans 200^g d'alcool additionné de 4 gouttes de solution de phtaléine et de 0^{cc}4 d'une solution alcaline titrée; la cire se dissolvant ne décolore pas la liqueur, il ne restait donc plus sensiblement d'acide acétique libre dans la cire. On complète 20^{cc} de solution alcaline et on fait bouillir 12 heures.

En dosant l'alcali non combiné on trouve que 8^{cc}5 de solution alcaline ont été neutralisés. Le titre de la solution en K est de 0,038 pour 1^{cc}.

$$8^{cc}5 \times 0,038 = 0^g323 \text{ de K}$$

Nous avons vu que 100^g de cire donnent par acetylisation 105^g.

Si 2^{g}9224 de cire saturent 0^{g}323 de K

105 satureraient $\dfrac{0.323 \times 105}{2,9224} = 11^g6$ de K.

Si on retranche les 7^{g}01 exigés par les acides que la cire renferme naturellement à l'état d'éthers (nous avons trouvé précédemment qu'il fallait 10^{g}068 de KOH ce qui fait 7,01 de K) il reste 4^{g}06 de K pour l'acide acétique fixé.

Or à 4^{g}6 de K correspondent $\dfrac{4^g6 \times 60}{39} = 7,07$ d'acide acétique. D'autre part à 60^g d'acide acétique correspondent 436^g d'alcool myricique, donc à 7,07 correspond $\dfrac{436 \times 7,07}{60} = 51,37$.

Ce nombre diffère peu de celui trouvé précédemment en calculant simplement l'augmentation de poids.

Action de l'Iode. — 100 parties d'acide oléique absorbent 90,07 d'iode. Hübl (1) utilise cette réaction pour doser l'acide oléique. Nous avons appliqué cette méthode à la cire de gomme laque. On emploie pour cela deux liqueurs titrées, l'une renferme 2 gr. 5 d'iode et 3 gr. de chlorure de mercure pour 100^{cc} d'alcool à 95°, l'autre est une solution d'hyposulfite dans l'eau, telle que 1^{cc} décolorent $0^g 0127$ d'iode ($2^g 48$ d'hyposulfite pour 100^{cc}).

On a opéré ainsi : $2^g 41$ de cire de gomme laque ont été dissous au bain-marie dans 25^{cc} d'alcool absolu, à la liqueur froide et trouble on a ajouté 10^{cc} de la solution d'iode, après agitation et 6 heures de contact, on a dosé l'iode resté libre à l'aide de la solution d'hyposulfite.

Dans un second flacon semblable, mais ne contenant pas de cire, on a fait parallèlement les mêmes opérations.

Le titrage à l'hyposulfite a révélé dans le flacon témoin 0^g0381 d'iode de plus que dans l'autre. On en conclut que 100 gr. de cire absorberaient $\frac{0,0381 \times 100}{2,41} = 1^g 58$ d'iode. A $1^g 58$ d'iode correspond $1^g 75$ d'acide oléique.

Si on admet que dans la cire de gomme laque, il n'y ait que l'acide oléique qui absorbe l'iode, il en résulte que cette cire renferme 1,75 °/₀ d'acide oléique.

— La cire de gomme-laque ne se dissout pas complètement dans l'alcool à 95°, on peut, à l'aide de ce dissolvant, la diviser en deux parties, l'une insoluble, l'autre soluble. Nous étudierons successivement ces deux parties dans les deux chapitres suivants.

(1) Dingler's polytechniches journal, t. 253, p. 281.

Chapitre III

Principe insoluble dans l'alcool.

Préparation. — Lorsqu'on épuise la cire de gomme laque par l'alcool à 95° bouillant, employé en grande quantité, on obtient une partie insoluble fondant vers 87°, c'est, à l'état impur, le produit dont il s'agit ; on peut le purifier en l'agitant avec une grande quantité d'acide acétique cristallisable chauffé à 100° ; par le repos la matière vient surnager sous forme d'une couche huileuse qui se prend bientôt en masse cristalline, on renouvelle le traitement à l'acide acétique, et on termine la purification par une cristallisation dans la benzine. Le produit pur se dépose en cristaux très-nets fondant à 92°. Cette méthode est surtout applicable à de petites quantités de cire. L'acide acétique peut être remplacé par l'acétone pur en donnant un composé identique, celui-ci n'est donc pas altéré par le réactif.

Voici le détail d'une opération faite en grand :

5 kg. de cire de gomme laque sont introduits avec 50 litres d'alcool à 95° dans le bain marie d'un alambic en cuivre, muni d'un réfrigérant à reflux, et chauffés à l'ébullition pendant une heure. Après refroidissement, le lendemain, on sépare l'alcool presque solidifié par la présence des cristaux de cire, et on trouve au fond la partie insoluble. Elle se pulvérise facilement par la dessic-

cation et ne fond pas au-dessous de 80°, ce qui permet de continuer l'épuisement, par l'alcool chaud, dans un appareil Damoiseau. On peut ainsi, en prolongeant pendant 12 heures l'action de l'alcool, élever le point de fusion jusqu'à 89° ; en prolongeant davantage, on peut atteindre péniblement 90°. Il est préférable de substituer l'acétone à l'alcool lorsque le point de fusion est arrivé à 87°, l'acétone peut l'élever jusqu'à 91°,5 une cristallisation, dans 100 parties de benzine, donne des cristaux fondant à 92°.

Le rendement est assez faible, il a varié suivant les opérations entre 2 et 6 °/₀ de la cire.

On peut enfin extraire ce même produit de la gomme laque en grains. En effet, lorsqu'on épuise celle-ci par l'alcool bouillant, la plus grande partie du composé en question, reste dans le résidu insoluble. Celui-ci est traité par la benzine chaude, qui abandonne en refroidissant des cristaux identiques à ceux déjà obtenus, et dont le point de fusion est le même, 92°.

Le principe immédiat obtenu, par l'une quelconque de ces méthodes, cristallise bien, soit par fusion, soit par dissolution. Il est soluble dans la benzine ou le chloroforme à chaud et se dépose pendant le refroidissement. Dans l'alcool et l'acide acétique, il est complètement insoluble même à chaud. Sa couleur est gris jaunâtre, nous n'avons pas pu l'obtenir blanc ; tous les procédés de décoloration que nous avons essayés et qui nous ont réussi avec la partie soluble dans l'alcool, sont restés ici sans résultat.

Saponification. — Le principe immédiat fondant à 92°, séparé de la cire de gomme laque, est chauffé, au bain-marie, dans un ballon, muni d'un réfrigérant à reflux, avec 5 fois son poids de potasse caustique que l'on dissout dans 50 parties d'alcool à 95°. On maintient l'ébullition pendant 12 heures : puis on ajoute un volume d'alcool au moins égal au volume déjà employé et on chauffe au bain-marie. Lorsque le liquide est bouillant, on le filtre dans un entonnoir à double paroi, chauffé par un courant de vapeur d'eau. Si on employait une quantité plus faible d'alcool, les produits de la saponification cristalliseraient dans le filtre.

Le liquide filtré se trouble en refroidissant et abandonne des cristaux très légers ; on les sépare par filtration. L'alcool mère ne renferme à peu près rien autre chose que de la potasse ; il est jaune, cette coloration est due à l'action de la potasse sur l'alcool. Les cristaux, recueillis sur un filtre, sont lavés avec un peu d'alcool froid pour déplacer l'alcool chargé de potasse qui les baigne, puis on les délaye dans l'eau distillée froide à laquelle on ajoute ensuite une solution de chlorure de baryum.

Le précipité obtenu surnage l'eau, on le lave par décantation en siphonnant le liquide, et on recueille le précipité sur un filtre ; on l'essore entre deux gâteaux de plâtre et on le sèche dans le vide sur l'acide sulfurique.

Le précipité séché est épuisé par la benzine chaude, une partie se dissout, on la sépare, en filtrant la benzine chaude dans un entonnoir chauffé par un courant de vapeur ; la filtration est très lente. Le précipité restant sur le filtre est lavé plusieurs fois à la benzine chaude.

La benzine, par refroidissement, abandonne des cristaux très-nets fondant à 87-88°, solidification 86°. — Si on renouvelle la cristallisation le point de fusion reste fixé à 88°.

Une nouvelle ébullition avec la potasse en solution alcoolique ne modifie pas ce principe, il a les propriétés d'un alcool car il se combine aux acides pour former des éthers.

La fraction du précipité qui ne se dissout pas dans la benzine chaude, est insoluble également dans l'alcool chaud ; mais si on ajoute de l'acide sulfurique étendu, il se décompose alors en donnant du sulfate de baryte insoluble et un acide organique qui se dissout dans l'alcool chaud et s'en dépose par le refroidissement. On le purifie par une seconde cristallisation dans l'alcool ; les cristaux, recueillis sur un filtre, sont délayés dans l'eau, séchés sur plâtre puis dans le vide.

Cette intervention de l'eau permet d'obtenir des cristaux faciles à sécher ; si, au contraire, on cherche à essorer les cristaux mouillés d'alcool, ils se feutrent, s'agglutinent, le centre ne sèche qu'avec la plus grande difficulté, et on obtient une masse ayant l'aspect de la corne.

Le produit, purifié et séché, est blanc très-léger et fond à 91°, il se dissout très-bien dans la benzine chaude et cristallise par refroidissement.

Nous étudierons successivement l'acide et l'alcool provenant de cette saponification.

Acide. — L'acide obtenu dans la saponification précédente fond à 91°, il se dissout dans l'alcool chaud, et cristallise par le refroidissement en prenant un aspect chatoyant. Le point de fusion 91° est celui trouvé par Maskelyne pour l'acide mélissique.

Si on applique la méthode des précipitations fractionnées, par l'acétate de magnésie à la solution alcoolique chaude de cet acide préalablement neutralisée par la potasse, on trouve que le point de fusion 91° se maintient. Dans une

expérience on a obtenu cinq fractions dont les acides
fondaient à

$$
\begin{array}{lll}
1^{re}\ \text{fract}\ldots\ldots\ldots\ldots\ldots & 91°\text{-}92° \\
2^e\ \ » \ \ldots\ldots\ldots\ldots\ldots & 91° \\
3^e\ \ » \ \ldots\ldots\ldots\ldots\ldots & 91° \\
4^e\ \ » \ \ldots\ldots\ldots\ldots\ldots & 91° \\
5^e\ \ » \ \ldots\ldots\ldots\ldots\ldots & 82°\text{-}83°\ \text{solidif.}\ 80°
\end{array}
$$

La dernière fraction renferme de l'acide cérotique, qui
abaisse son point de fusion.

La composition centésimale correspond à la formule
$C^{30}H^{60}O^2$

	trouvé		calculé pour $C^{30}H^{60}O^2$
C	79,51	79,10	79,64
H	13,22	13,07	13,28

Le sel de plomb a donné à l'analyse 17,58 de Pb, la
théorie exigerait 18,6.

L'éther éthylique fond à 73°, point de fusion attribué
jusqu'ici à l'éther éthylmélissique. Pour préparer l'éther
éthylique on fait passer un courant d'acide chlorhydrique
gazeux dans la solution alcoolique chaude de l'acide ;
l'éther moins soluble vient surnager sous forme de goutte-
lettes huileuses. Il est nécessaire de chauffer, sans cela
l'acide ne se dissolvant pas dans l'alcool froid, l'étherification
est à peu près nulle.

L'acide en question est donc de l'acide mélissique.

Alcool. — L'alcool obtenu dans la saponification du produit insoluble fondait à 87-88°. Par de nouvelles cristallisations dans la benzine, le chloroforme ou l'éther, le point
de fusion reste constant à 88°.

L'analyse élémentaire de cet alcool donne : (1).

	trouvé						calculé	
	I.		II.		III.		$C^{30}H^{62}O$	$C^{26}H^{54}O$
C	80,12	80,25	80,72	80,96	81,37	81,47	82,19	81,67
H	13,45	13,45	13.82	14,08	14,08	14,61	14,15	14,13

Chauffé en tube scellé, avec un excès d'anhydride acétique, pendant 4 heures à 140°, cet alcool se transforme en éther acétique cristallisant très nettement, par fusion ou par dissolution dans l'alcool ordinaire ou la benzine, l'éther fond à 73° ; saponifié par la potasse alcoolique, il donne de l'acétate de potasse et régénère l'alcool fondant à 88°.

L'analyse élémentaire de cet éther donne (1) :

	trouvé		III.	calculé	
	II.			$C^2\,H^3\,O^2\,\text{-}C^{30}H^{61}$	$C^2\,H^3\,O^2\,\text{-}C^{26}H^{53}$
C	79,54	79,49	79,99	80,00	79,24
H	13,11	13,24	13,22	13,33	13,21

La saponification d'un poids déterminé d'éther, faite avec une solution alcoolique de potasse titrée, a donné les résultats suivants :

	trouvée		calculée	
			$C^{30}...$	$C^{26}...$
Quantité d'acide acétique pour 100	12.4	13.1	12,5	14,49

On peut hésiter entre les deux formules.

L'examen des combustions de l'éther naturel fondant à 92° n'éclaircit pas la question :

	trouvé				calculé	
					$C^{30}H^{59}O^2\,\text{-}C^{30}H^{61}$	$C^{30}H^{51}O^2\,\text{-}C^{26}H^{53}$
C	81,33	81,39	82,38	82,26	82,56	82,35
H	13,53	13,38	13,78	13,85	13,76	13,73

Il n'y a en effet entre les deux formules qu'une différence pour 100 de 0 gr. 21 de carbone et $0^g,03$ d'H. L'analyse

(1) I et II ont été faits en tube ouvert, III en tube fermé ; l'échantillon I était moins pur, c'était le premier obtenu.

organique élémentaire est absolument incapable de trancher la difficulté.

Nous avons alors essayé l'oxydation ménagée de l'alcool de façon à obtenir l'acide correspondant. Plusieurs oxydations nous ont donné : avec la potasse fondante un acide à point de fusion allant de 88° à 91° et se solidifiant à 86° ; avec la chaux potassée un acide fondant à 88°. Ce dernier éthérifié par l'alcool éthylique donnait un éther fondant à 73°, c'est le point de fusion publié pour l'éther éthylmélissique.

Il y avait donc lieu de considérer l'alcool retiré de cette cire comme étant le même que celui désigné jusqu'ici sous les noms d'alcool mélissique ou myricique de formule $C^{30}H^{62}O$.

Pour éclaircir cette question, nous avons préparé l'alcool myricique d'une part avec la cire d'abeilles et d'autre part avec celle de Carnauba, et nous sommes arrivés, après de nombreux tâtonnements, à identifier ces trois alcools. Le point de fusion qu'on attribuait à l'alcool myricique doit être changé, ce n'est pas 85° comme le pensait Brodie, mais bien 88°. Dans un chapitre, consacré spécialement à l'alcool myricique, nous reviendrons sur cette question.

Le principe immédiat, dont le point de fusion est 92°, retiré de la cire de gomme laque, comme il est dit plus haut, doit donc être considéré comme l'éther myricimélissique (1) $C^{30}H^{59}O\text{-}O\text{-}C^{30}H^{61}$ dans lequel l'alcool myricique est éthérifié par l'acide correspondant.

---

(1) Les mots mélissique et myricique ont été employés successivement pour désigner l'alcool. Nous employons le mot myricique qui paraît le plus répandu, réservant, comme on le fait généralement, le mot mélissique pour désigner l'acide correspondant.

Chapitre IV

Partie de la cire de laque soluble dans l'alcool.

Cette partie est un mélange dont le point de fusion varie, suivant les proportions d'alcool employées à son extraction, il oscille ainsi entre 68° et 73°.

Nous avons essayé de séparer les principes immédiats qui constituent ce mélange ; mais les tentatives nombreuses que nous avons faites sont restées infructueuses, jamais nous n'avons pu isoler un principe à point de fusion constant et indépendant de la nature du dissolvant employé.

Ce mélange se dissout dans l'alcool, la benzine et l'acide acétique chauffés au bain-marie ; sa solubilité à froid est très-faible et les principes qui restent en solution sont les plus fusibles, de sorte qu'en multipliant les cristallisations on élève le point de fusion jusqu'à 83°-84°.

Si on fait bouillir la solution alcoolique avec de l'alumine desséchée, ou bien la solution benzenique avec du noir animal, il y a décoloration très sensible, on peut obtenir ainsi de la cire d'un blanc légèrement grisâtre. Un autre procédé de décoloration, qui réussit bien, consiste à laisser macérer dans le chloroforme froid les cristaux obtenus par refroidissement de la solution benzenique ou bien les copeaux qu'on obtient en raclant la cire compacte avec un couteau. Dans ces conditions le chloroforme dissout à froid la matière colorante, et en renouvelant le chloroforme on peut obtenir de la cire à peu près blanche.

Cette cire fondue au contact de l'air absorbe de l'oxygène et perd du carbone comme le montrent les combustions suivantes :

Combustion du produit non oxydé :

| C | 78,95 | 79,26 | 78,82 | 79,05 | 79,04 | 78,14 |
| H | 13,08 | 13,49 | 12,90 | 13,18 | 12,97 | 13,35 |

Après séjour à l'étuve à 100° dans un courant d'air :

	après 2 heures	après 8 heures
C	77,29	74,24
H	13,91	12,6

On a fait l'expérience suivante : deux tubes à essais sont remplis d'oxygène sur le mercure ; dans l'un on fait passer un morceau de cire, l'autre sert de témoin ; on les porte tous deux à l'étuve à 100°. Après 24 heures de séjour, le niveau du mercure est sensiblement le même dans les 2 tubes à chaud, mais si on laisse refroidir, le mercure s'élève dans le tube contenant la cire et le remplit presque complètement. L'oxygène absorbé donne naissance à un composé gazeux à 100° et occupant sensiblement le même volume que l'oxygène absorbé (1).

Saponification. — La saponification de la partie soluble se fait suivant la méthode employée pour la saponification de la partie insoluble (page 29).

Lorsque la saponification est terminée, une partie, peu

(1) La même expérience a été faite avec l'éther myrici-mélissique, le volume d'oxygène n'a nullement changé.

importante, est devenue insoluble dans l'alcool ; elle adhère
au ballon et ne se dissout que dans la benzine chaude,
son point de fusion est voisin de 80°, c'est vraisemblablement
un produit d'altération. La plus grande partie du produit
saponifié est soluble dans l'alcool à chaud et cristallise
pendant le refroidissement, les cristaux ainsi formés sont
séparés par filtration à froid. L'alcool filtré tient en solution
non seulement l'excès de potasse employé, mais encore
des acides organiques dont le sel de potasse se dissout
dans l'alcool froid, et qu'on étudiera à part. Quant aux
cristaux, restés sur le filtre, on les délaye dans l'eau et on
les précipite par le chlorure de calcium; le précipité est
séché dans le vide et épuisé par la benzine bouillante qui
en dissout la majeure partie : ce qui reste après épuisement est un sel organique de chaux mélangé d'un peu
de carbonate.

Nous étudierons successivement :

I. — Les alcools de cire enlevés par la benzine chaude.

II. — Le sel de chaux.

III. — Les acides restés en solution dans l'alcool mère,
à la faveur de l'excès de potasse.

1. *Alcools de la saponification de la partie soluble.* — La
benzine chaude, qui a servi à épuiser le précipité calcaire, dépose pendant le refroidissement des cristaux dont
le point de fusion varie de 84 à 87°. Par de nombreuses
cristallisations dans la benzine, on peut obtenir trois
fractions ; la moins soluble fond à 88°, c'est de l'alcool
myricique, facile à caractériser ; la plus soluble, qui
est aussi la moins abondante, fond vers 79°, c'est de
l'alcool cérylique ; enfin, une troisième partie fond vers
83°, c'est un mélange des deux alcools.

Pour vérifier l'identité de l'alcool, dont le point de fusion est 79°, nous l'avons comparé à celui obtenu en saponifiant la cire de Chine. Les deux alcools ont le même point de fusion, 79°, le même aspect au microscope, enfin les deux éthers acétiques, qui en dérivent, fondent à 66°. L'identité n'est pas douteuse.

Nous avons appliqué, à la séparation de ces alcools, le procédé de MM. Benedikt et Ulzer, qui consiste à transformer les alcools en éthers acétiques, et à séparer ceux-ci par un dissolvant approprié. Cette méthode plus longue que la précédente ne nous a pas donné des résultats meilleurs. La cause en est peut-être dans la faible proportion d'alcool cérylique que nous avons rencontré dans la cire de gomme laque. Les deux chimistes autrichiens ne signalent pas cette inégalité de proportion entre les deux alcools. La forte proportion d'alcool myricique que nous avons trouvée explique sans doute pourquoi le point de fusion de notre cire est plus élevé.

II. *Acide du sel de chaux.* — Le sel de chaux, lavé à la benzine, est peu volumineux, on le décompose par HCl ; un peu d'acide carbonique se dégage et une petite quantité d'un acide gras, fondant à 82°, vient surnager. Cet acide, lavé à l'eau, est dissous dans l'alcool chaud, neutralisé par KOH et précipité en trois fractions par une solution alcoolique d'acétate de magnésie. Les trois précipités, lavés à l'alcool, sont séchés et décomposés ensuite par HCl, en solution aqueuse ; on régénère ainsi trois acides. On détermine le point de fusion de chacun d'eux et celui de l'éther éthylique correspondant. On prépare l'éther éthylique en faisant passer un courant de gaz HCl dans la solution alcoolique chaude de l'acide ; l'éther cristallise par refroidissement, on le reprend

par de nouvel alcool, en précipitant, par quelques gouttes de
solution alcoolique d'acétate de plomb, l'acide resté libre.
Voici les points de fusion trouvés :

	P. F. de l'acide.	P. F. de l'éther éthylique.
Fraction 1.	90°	72-73°
— 2.	83°	63 64°
— 3.	77°	59 60°

Nous avons affaire par conséquent à un mélange d'acide
mélissique et cérotique dont les P. F. sont 91 et 78° et dont
les éthers éthyliques fondent à 73 et 60°.

Il est à remarquer que nous disposions d'une quantité
d'acide trop faible pour faire une combustion ou doser la
magnésie. La détermination des points de fusion et la transformation en éther éthylique n'exigent qu'une quantité
extrêmement faible d'acide.

III. *Acides restés en solution dans l'alcool mère.* — Ces
acides sont en solution avec un excès de potasse. Pour
les séparer on les transforme en sel de plomb, mais tout
d'abord il est nécessaire d'éliminer le grand excès de
potasse. Pour cela la solution alcoolique, additionnée de
quelques gouttes de phtaléine du phénol, est chauffée au
bain-marie et la potasse est neutralisée par un courant
d'acide carbonique qu'on fait passer, dans la solution
chaude, jusqu'à décoloration de la phtaléine. On filtre à
chaud, le carbonate de potasse reste sur le filtre, l'alcool
filtré est distillé et le résidu de la distillation, c'est-à-dire
le mélange des sels de potasse, est délayé dans l'eau et
précipité par un excès de sous-acétate de plomb. Le
précipité plombique lavé, séché dans le vide sec, est
pulvérisé et épuisé par l'éther pur, ce qui permet de le
diviser en deux parties que nous étudierons successivement :

1° Sel de plomb soluble dans l'éther ; 2° sel de plomb insoluble dans l'éther.

1° *Sel de plomb soluble dans l'éther.* — L'éther, filtré et distillé, abandonne un résidu visqueux, jaunâtre, qui se solidifie partiellement au bout de quelques heures. L'alcool froid dissout abondamment l'huile mère visqueuse, ce qui permet une purification incomplète de la partie solide, celle-ci fond vers 72°; elle renferme 25,8 % de plomb, l'oléate en renfermerait 26.9.

Néanmoins nous considérons ce précipité comme de l'oléate de plomb impur.

En effet, l'acide de ce sel de plomb, chauffé avec de la potasse en fusion, donne naissance à de l'acide acétique que l'on a caractérisé ainsi : le produit de la fusion est dissous dans l'eau, acidulé par SO^4H^2, filtré et distillé ; le liquide distillé est neutralisé par KOH et évaporé au bain-marie. Le résidu, chauffé avec l'acide arsénieux, dégage l'odeur du cacodyle et, en solution, il donne, avec le perchlorure de fer, une coloration rouge.

On sait que l'acide oléique, chauffé avec la potasse fondante, se change en acide palmitique et en acide acétique. Nous n'avons pas caractérisé l'acide palmitique, dans le précipité obtenu, par l'action de SO^4H^2 parce que cet acide était impur et que la quantité en était trop faible, pour y appliquer le méthode de Heintz. Au début de la fusion potassique, la masse s'est colorée en rouge ; cette réaction est due à une impureté, nous ne l'avons pas obtenue avec l'acide oléique pur. Les acides, qui accompagnent l'acide oléique dans le sel de plomb soluble dans l'éther, ont un poids moléculaire très élevé, car la quantité de plomb, contenue dans l'huile visqueuse enlevée par l'alcool, est de 10 % environ et encore cette matière renferme un peu d'oléate.

Ces acides brûlent en dégageant abondamment l'odeur aromatique qu'on perçoit lorsqu'on décompose, par la chaleur, la gomme laque des Indes.

2° *Sel de plomb insoluble dans l'éther.* — Le sel de plomb, lavé à l'éther, est décomposé par HCl, en solution aqueuse. Les acides, lavés à l'eau, sont dissous dans 200 fois leur poids d'alcool et neutralisés avec de la potasse. On précipite à chaud, par un excès d'acétate de magnésie, qui donne un précipité peu abondant, augmentant pendant le refroidissement (α). On filtre à froid; l'alcool mère est précipité à chaud par un excès d'acétate de baryte, le précipité augmente pendant le refroidissement (β). Enfin l'alcool mère de cette seconde précipitation filtré à froid est distillé; il abandonne un résidu composé d'une quantité négligeable de sels organiques de Mg et de Ba et d'acétates de ces deux bases.

Nous examinerons d'abord le sel de Mg, puis le sel de Ba.

α) *Précipité magnésien.* — Le sel de magnésie est décomposé par HCl comme précédemment. L'acide obtenu fond à 68°-70°, on le dissout dans l'alcool chaud, on neutralise et on ajoute à chaud une quantité d'acétate de magnésie égale au 1/6 de la quantité nécessaire pour tout précipiter. L'alcool, filtré à chaud, abandonne, pendant le refroidissement, une faible quantité d'un précipité qui ne se redissout pas quand on chauffe, c'est du cérotate de magnésie (1).

____

(1) Cette propriété du cérotate de magnésie, que nous avons eu l'occasion de vérifier plusieurs fois, nous avait été communiquée verbalement par M. Marie.

L'alcool filtré à chaud est encore précipité en trois fractions par de l'acétate de baryte ; les acides de ces quatre fractions régénérés fondent aux températures suivantes :

	PF acides	PF éther
1ᵉ fraction	78°	60°
2ᵉ »	76°	
3ᵉ »	62°	
4ᵉ »	62°	

C'est un mélange d'acide cérotique et palmitique.

β *Sel de Baryte.* — Le sel de baryte renferme 20,52 % de Ba. L'acide mis en liberté par HCl et lavé fond à 52°-53°. On le dissout dans une quantité suffisante d'alcool pour que rien ne cristallise, par le refroidissement, et on le traite suivant la méthode de Heintz. Dans la solution chaude on ajoute $0^g,05$ d'acétate de baryte, on laisse refroidir, on filtre ; l'alcool filtré est précipité une seconde fois à chaud par $0,^g05$ d'acétate de baryte, .et ainsi de suite, jusqu'à ce qu'il ne se forme plus de précipité pendant le refroidissement. Cette méthode est longue, mais elle donne d'excellents résultats avec les acides gras solubles dans l'alcool froid. Nous avons obtenu ainsi sept précipités cristallisés. Dans les trois premières fractions les cristaux sont microscopiques, dans les quatre dernières ils sont très-brillants, et visibles à l'œil nu.

Les acides régénérés par l'HCl fondent aux températures suivantes : 66° — 61° — 62° — 62° — 62° — 62° — 60° ; les fractions 3, 4, 5, 6 renferment 21,2 de Ba % ; la théorie exigerait 21,17 pour le palmitate de Ba. On sait de plus que l'acide palmitique fond à 62°, le sel de baryte est donc composé presque exclusivement de palmitate.

On voit donc que la cire de laque est composée pour

la moitié d'alcool myricique libre, l'autre moitié étant formée d'un mélange d'éthers myriciques dans lesquels l'alcool est éthérifié par les acides mélissique, cérotique, oléique, palmitique et un acide indéterminé, résineux, brûlant avec une odeur très aromatique. On trouve aussi dans cette cire une petite quantité d'alcool cérylique libre ou combiné.

Les éthers mélissique et cérotique sont insolubles dans l'alcool, les deux autres sont peu solubles ; mais ils entrent tous en solution à la faveur du grand excès d'alcool libre.

L'éther cérotique se trouve en très faible quantité ; cette faible quantité d'acide cérotique est à rapprocher de la petite proportion d'alcool cérylique trouvée. C'est l'acide palmitique qui domine dans la partie soluble, l'acide mélissique constitue à lui seul la partie insoluble étudiée tout d'abord.

Nous avons remarqué que le sel de plomb soluble dans l'éther était composé d'oléate mélangé de sels résineux, brûlant avec l'odeur caractéristique de la gomme laque. Il nous a paru intéressant de voir si la résine de la gomme laque se combinerait à l'alcool myricique; pour cela, nous avons chauffé en tube scellé, pendant 24 heures, à la température de 140°, de l'alcool myricique avec de la résine de gomme laque débarrassée de cire. Le contenu du tube est épuisé par l'alcool à l'ébullition, il se dissout fort peu de chose et, par le refroidissement, l'alcool dépose des cristaux de cire. On les sépare, on les purifie, par cristallisation dans l'alcool, en éliminant toute trace de résine par l'acétate de plomb et la purification est achevée par une cristallisation dans la benzine.

Cette nouvelle cire fond à 84°; saponifiée elle donne de l'alcool myricique et une petite quantité d'acides résineux brûlant avec l'odeur déjà observée, ceci prouve que l'alcool myricique a été, en partie, éthérifié par les acides de la résine.

Il est intéressant de remarquer que dans cette expérience le contenu du tube, après 24 heures de chauffage à 140°, était devenu presque complètement insoluble dans l'alcool chaud. C'est-à-dire que la résine de gomme laque, qui est soluble à froid dans l'alcool, devient, après un chauffage prolongé, insoluble dans ce dissolvant, même à la température d'ébullition.

Il se produit là une transformation qui n'a pas encore été signalée.

Chapitre V

Gomme laque en bâtons.

Les recherches qui précèdent ont été faites simultané-
ment sur la cire retirée de la gomme laque en grains et
sur celle extraite des résidus industriels ; ces deux cires
se sont montrées toujours identiques. Il était intéressant
de voir si la gomme laque en bâtons fournirait le même
produit, et de rechercher si l'examen de cette gomme laque,
qui n'a subi aucune manipulation, ne pourrait pas fournir
quelques indications sur l'origine de cette cire.

Extraction de la cire. — La préparation a été conduite
comme avec la gomme laque en grains. 1 kil. du produit
naturel est épuisé par 10 kil. d'alcool à 95°, l'ébullition est
maintenue pendant une demi-heure ; on fait un second
traitement dans les mêmes conditions avec 5 kil. d'alcool
à 95°. Le résidu insoluble est épuisé par la benzine chaude.
Celle-ci en refroidissant abandonne des cristaux blancs, qui
ne sont pas formés d'éther myricimélissique, comme on
pourrait s'y attendre. D'abord, ils sont très blancs, puis ils
fondent à 94° au lieu de 92° ; nous étudierons cette cire
dans un instant.

L'alcool, qui a servi à épuiser la gomme laque, dépose,
par refroidissement, des cristaux de cire ; on les sépare,
on les purifie par lavage à l'alcool, et la cire qu'on obtient

ainsi semble identique à celle retirée, dans les mêmes conditions, de la gomme laque en grains ; le point de fusion est de 76° dans les deux cas.

Au point de vue du rendement, on a obtenu 3 g. 3 % de cire soluble et 0 g. 50 de cire insoluble fondant à 94°.

Cire insoluble dans l'alcool. — Ce principe est insoluble dans l'alcool et extrêmement peu soluble dans l'acide acétique bouillant ; il se dissout bien dans la benzine chaude, d'où il se dépose cristallisé pendant le refroidissement.

On a saponifié ce produit en suivant la méthode générale employée précédemment. Toutefois le sel de potasse formé pendant la saponification étant peu soluble dans l'alcool à 95° (0 gr. 7 par litre), l'opération est plus rapide avec l'alcool absolu. Cette saponification a donné 43 % d'un alcool bien cristallisé fondant à 88° qu'on caractérise facilement ; c'est de l'alcool myricique.

Quant à l'acide séparé du précipité calcaire il fondait à 93-94°. Pour l'étudier on a fait une nouvelle saponification sur 6 gr. du principe en question. La préparation de l'acide étant alors le but poursuivi, on a simplifié le traitement de la façon suivante :

La saponification est faite au sein de l'alcool absolu, 200 gr. pour 6 gr. de cire et 12 gr. de potasse ; la saponification terminée, après huit heures d'ébullition, on ajoute 20 grammes d'eau, on filtre à chaud et on reprend le résidu par 200 grammes d'alcool à 90° chaud. Dans ces conditions le sel de potasse, qui est très peu soluble dans l'alcool à 90°, reste sur le filtre tandis que l'alcool myricique est complètement entraîné. Le sel de potasse est décomposé par l'acide chlorhydrique en solution aqueuse et l'acide lavé, desséché et purifié par cristallisation dans l'alcool où il est peu soluble (2 gr. par litre) ou mieux dans la benzine qui en dissout beaucoup plus.

Afin de voir si l'acide obtenu est unique, on fait un fractionnement, par la méthode de Heintz, dans la solution alcoolique chaude de l'acide ; l'acétate de baryte est employé pour obtenir 7 fractions, l'acide de chaque fraction est régénéré, le tableau suivant donne les points de fusion trouvés :

	P.F. de l'acide après cristallisation dans l'alcool	P. solid.
1.	94-95° — 105°	103-102° puis 93-92°
2.	94-98°	93-92°
3.	96-100°	98°
4.	96-99°	95-94°
5.	97-104°	98°
6.	94-95°	»
7.	94-105°	Solid. 97-92°

Pour les acides des fractions 1 et 7 le point de fusion se fait vers 94°, mais le liquide ne devient transparent que vers 105°.

En présence de ce résultat, peu concluant, on recommence une précipitation fractionnée, en milieu neutre, sur deux grammes d'acide préalablement saturés par la potasse.

Pour cela, la solution alcoolique chaude de l'acide est additionnée de KOH en léger excès et l'excès de potasse est précipité par un courant de CO_2. Nous avons déjà remarqué qu'on obtenait ainsi de meilleurs résultats avec les acides à poids moléculaire élevé.

La faible solubilité du sel de potasse nous oblige à opérer dans trois litres d'alcool. On précipite par l'acétate de magnésie. Le tableau ci-dessous donne les points de fusion des acides retirés de chaque fraction. Dans presque tous les cas le liquide obtenu par fusion est trouble, mais à une température plus élevée, le trouble disparaît. Il y a en quelque sorte une deuxième fusion. De même pendant le refroidissement on observe deux points de solidification.

Nᵒˢ	P. F. APRÈS CRISTALLISATION DANS L'ALCOOL	TEMPÉRATURE A LAQUELLE DISPARAIT LE TROUBLE	POINT DE RÉAPPARITION DU TROUBLE	POINT DE SOLIDIFICATION
1	94-95°	»	»	93°
2	94-95°	105°	97°	94-93°
3	95-96°	104°	98°	93-93°
4	95-96°	104-105°	97-96°	93°
5	97°	105°	98°	96°
6	92°	102°	96°	92°

Au moment où nous avons fait ces expériences nous croyons avoir affaire à un mélange d'acides gras. Or, dans la suite, nous avons rencontré des difficultés du même genre avec les acides azotés provenant de la cire de gomme laque de Madagascar. Nous avons donc recherché l'azote dans le produit fondant à 94°. Ce produit, chauffé avec la chaux sodée, dégage une quantité assez abondante d'ammoniaque. Comme l'azote ne se trouve pas dans l'alcool myricique, il est forcément dans l'acide qui éthérifie cet alcool pour former le principe cristallisé fondant à 94°.

Il est certain que, pendant la saponification, il se dégage de l'AzH³ ; nous l'avons constaté dans une nouvelle expérience faite dans un appareil disposé pour recueillir l'AzH³. L'acide serait alors vraisemblablement un acide amidé ; son étude est peu avancée.

Quoi qu'il en soit, il est certain que dans la gomme laque en bâtons, nous avons trouvé un éther cristallisé dans lequel l'alcool myricique est éthérifié par un acide azoté. C'est là un fait important et nouveau ; jamais, à notre connaissance, on n'a signalé de cires azotées. Nous nous proposons de poursuivre l'étude de ce point.

Localisation de la cire. — Dans le but de rechercher si la cire, dans la laque, est intimement mélangée à la résine, nous avons utilisé l'alcool à 90° qui, à froid, dissout bien la résine tandis que la cire reste absolument insoluble. Un fragment de gomme laque, contenant une colonie d'insectes, est suspendu dans le haut d'une éprouvette remplie d'alcool à 90°. Quelques minutes après, on voit apparaître au-dessous de la gomme laque des stries jaunes produites par la solution de résine qui tombe au fond ; on change l'alcool le lendemain et le surlendemain. La colonie présente alors l'aspect suivant : la surface extérieure est devenue blanchâtre, une section pratiquée perpendiculairement au rameau, présente trois assises : l'intérieure et l'extérieure sont blanches, l'assise intermédiaire est rouge, elle est formée par les insectes dont la matière colorante est insoluble dans l'alcool à 90°.

Les deux zones blanches sont produites par une matière plus ou moins étirée en fils donnant à ces masses blanches l'aspect de pinceaux, qui partent des insectes et semblent les réunir entre eux. Les pinceaux extérieurs traversent la résine et viennent former, à la surface, ces marbrures grises qu'on observe sur les morceaux de gomme laque en bâtons. La longueur de ces pinceaux extérieure est très variable, elle est faible dans les morceaux de gomme laque de faible épaisseur, elle s'accroît quand l'épaisseur de la résine augmente. Si on observe deux insectes voisins, de taille inégale, le plus court porte des pinceaux plus longs ; il semble que ces masses blanches s'allongent toujours jusqu'au contact de l'air. Un fragment de ces masses blanches, placé dans une goutte de benzine sur une lamelle, est examiné au microscope, il paraît formé de filaments blancs, ayant assez l'aspect de la soie. Ces filaments sont plus ou moins accolés de façon à former quelquefois des plaques. L'aspect varie un peu suivant le point où l'échantillon a été prélevé, mais ce qu'il y a de constant, c'est que si on chauffe la lamelle, une partie plus ou moins grande de la masse blanche disparaît et par le refroidissement de la benzine, des cristaux *de cire* se forment *in situ*. Quelquefois la totalité du produit disparaît dans la benzine chaude, d'autrefois une sorte de réseau reste à la place. Essayons de préciser ces différents cas.

Quand on examine, à la loupe, la colonie, préparée comme il est dit plus haut (1), il est facile d'en séparer les différents individus ; on constate alors que chacun d'eux présente des pinceaux blancs à la partie antérieure de chaque côté du corps et surtout à la partie postérieure, qui est en quelque sorte englobée dans un édifice de cire. Les masses blanches, détachées de la partie antérieure, ont l'aspect d'une sorte de bouclier dont les bords sont transparents, leur surface extérieure est brillante tandis que la surface intérieure a un aspect plus cotonneux.

(1) La colonie immergée dans l'alcool est très fragile, la moindre secousse détache les insectes et leurs appendices. La dessiccation leur rend une certaine solidité ; mais pour examiner les insectes, il est bon de les laisser préalablement séjourner dans une atmosphère saturée d'humidité, sans cela ils sont trop cassants.

La benzine chaude dissout la bordure transparente et la surface brillante, la partie insoluble semble formée d'un réseau de poils très-fins entrecroisés; des cristaux de cire se forment pendant le refroidissement.

La cire, qui occupe la partie postérieure des insectes, présente une disposition différente et plus compliquée. Si on dissocie, à la loupe, à l'aide d'aiguilles, cet édifice de cire, on trouve que l'extrémité du corps de l'insecte se termine par trois proéminences (1), légèrement coniques, recouvertes de cire plaquée à leur surface. Cette cire, que l'on détache par morceaux, se dissout *entièrement* dans la benzine chaude. Autour de ces trois papilles se trouvent des filaments blancs dirigés parallèlement et qui s'anastomosent à la surface extérieure de la laque. Ces filaments, traités par la benzine chaude, cèdent à celle-ci une grande quantité de cire, mais il reste une sorte de membrane qui conserve la forme de l'édifice précédent.

Il résulte de cette observation que dans la gomme laque *en bâtons*, la cire et la résine ne sont pas mélangées et que, si l'origine de la résine est encore indéterminée, il est certain que la cire est une secrétion de l'insecte. Quel est l'utilité de ces houppes de cire? Jouent-elles un rôle dans la respiration? (2)

---

(1) Au milieu, entre ces trois papilles, se dresse une sorte de poil, invisible à l'œil nu et qui au microscope présente une forme bien spéciale. La base légèrement conique occupe les deux tiers de la longueur, l'autre tiers est formé par un renflement plus ou moins globuleux que termine une pointe acérée.

(2) Les lignes qui précèdent sont reproduites ici telles qu'elles ont figuré dans le premier tirage de cette thèse au moment de sa soutenance c'est-à-dire avant que nous ayons reçu le travail de M. Targioni Tozzetti. Il est facile de retrouver dans les trois proéminences et le poil dont

En étudiant ces faits nous avons été amené à constater dans la gomme laque, la présence fréquente d'un hôte qui semble un ennemi des insectes producteurs de cette résine. N'ayant pas rencontré ce fait signalé dans les ouvrages que nous avons pu consulter, nous rapportons cette observation, toutefois les recherches bibliographiques que nous avons faites n'ayant pu porter que sur un nombre de recueils insuffisant, il se pourrait que ce fait aît été aperçu avant nous.

Un très grand nombre de morceaux de gomme laque en bâtons présentent des trous circulaires de 2 à 3^{mm} de diamètre; si on casse le morceau à ce niveau, on trouve à l'intérieur un cocon de 13 à 14^{mm} de long placé presque toujours parallèlement au rameau, au sein même de la gomme laque, à la place que devaient occuper les insectes producteurs de cette résine. Le cocon est vide et l'orifice de sortie correspond exactement à l'un des trous circulaires mentionnés, et à chaque trou correspond toujours un cocon vide. Les cocons sont assez résistants et leur extérieur

nous parlons, les quatre tubercules mamillaires qu'il décrit (Voir fig. XII, page 106).

La cire qui recouvre les tubercules mamillaires est produite par les filières placées à la base (*sp.* fig. XII et fig. XV). Les filaments de cire placés parallèlement à la direction des tubercules viennent des filières *fl. fc.* (fig. XII) et se rencontrent avec les filaments sortis des filières qui terminent les deux tubercules latéraux (*pf.* fig. XVII) pour former cet édifice de cire dont nous parlons.

Quant aux masses blanches placées à la partie antérieure, elles sont produites par les filières (*f.* fig. XIV) qui entourent les stigmates antérieurs (*sa.* fig. XII).

Il semble évident que ces productions *cireuses* ont pour but d'empêcher les stigmates d'être submergés par la résine et d'assurer la pénétration de l'air à travers la masse jusqu'aux organes respiratoires.

est tapissé de petits corpuscules lenticulaires d'un diamètre de $0^{mm}8$ de diamètre environ qui sont évidemment les excréments de l'insecte qui a tissé le cocon et qui, arrivé à l'état parfait, a perforé la gomme laque poùr s'échapper.

La position de ces cocons nous porte à penser qu'ils ont appartenu à un ennemi se nourrissant du corps de ces insectes. Le fait suivant est une preuve à l'appui de cette manière de voir.

Les excréments signalés précédemment renferment en effet une assez grande quantité de matière colorante de la gomme laque à laquelle ils doivent leur couleur foncée (1) ; une solution étendue de carbonate de soude dissout facilement cette matière colorante. Or, on sait que la matière colorante de la gomme laque siège dans le corps même de l'insecte qui produit cette résine et ne se trouve pas dans la plante. La présence de cette même matière colorante dans les excréments de l'insecte qui a tissé le cocon nous paraît un argument indiscutable en faveur de l'hypothèse précédente.

En cassant un grand nombre de morceaux de gomme laque des Indes, nous avons rencontré de semblables cocons non perforés que rien ne révélait à l'extérieur et dans lesquels on trouvait une chrysalide morte.

Von Gernet (2) signale dans la laque « un parasite » des plus communs. C'est une larve de coléoptère de » 10 $^{m}/^{m}$ de long......... Elle creuse fréquemment dans la » laque des galeries de 5 $^{m}/^{m}$ de diamètre dans lesquelles

(1) On ne saurait confondre ces corpuscules avec les œufs de l'insecte de la laque qui sont aussi de couleur rouge très foncé, mais beaucoup plus petits.

(2) C. Von Gernet. — Einiges über coccus lacca und dessen Parasiten. Bull. Soc. Imp. des Nat. de Moscou, p. 154-174, 1863.

» elle abandonne des excréments lenticulaires et colorés
» en rouge ; dans la laque elle se bâtit des cocons solides
» avec ses excréments et des dépouilles de coccus et dans
» ces cocons, elle accomplit ses dernières transforma-
» tions ». Cette description correspond assez bien à ce
que nous avons observé, mais nous n'avons vu que la
nymphe qui est certainement une chrysalide de lépidoptère.

Enfin nous rapporterons encore une autre observation :

Quand on dissocie sous la loupe les femelles qui sont
englobées dans la laque, on trouve à l'intérieur une
grappe volumineuse d'œufs, d'autres fois on y rencontre
une poussière de couleur moins foncée qui est formée par
l'ensemble des jeunes larves mortes avant leur sortie de
la mère, on sait que l'insecte de la laque est ovovivipare.

Or, en dissociant ainsi les insectes retirés d'une des
colonies que nous avons observées, nous avons constaté à
l'intérieur de presque toutes les femelles de cette colonie, au
milieu des œufs et de préférence du côté voisin du rostre, de
une à trois petites masses blanches de 1^{mm} à $1^{mm}5$ de long
ayant l'aspect de nymphes ne ressemblant nullement aux
larves de l'insecte de la laque qui sont très rouges et
beaucoup plus petites.

Ces nymphes ressemblent à la figure 7 de la planche
publiée par Von Gernet. Ce savant les considère comme
des parasites qu'il croit pouvoir rapporter au genre Bra-
chytarsus, coléoptères qui se nourrissent en effet de
cochenilles.

CHAPITRE VI

Alcool myricique

L'alcool mélissique ou myricique a été isolé d'abord de la cire d'abeilles par Brodie, puis de la cire de Carnauba par Maskelyne et par Pieverling, enfin de la gomme-laque par MM. Benedikt et Ulzer.

Voici les points de fusion attribués à l'alcool myricique et à l'acide correspondant par ces différents auteurs.

	P F de l'alcool	P F. de l'acide
Brodie (1) (cire d'abeille)	85°	88-89°
S. Maskelyne (2) (cire de Carnauba)	88	91
Von Pieverling (3)	85	88,5
Benedikt et Ulzer (4) (gomme laque)	85.5	

La formule serait $C^{31}H^{64}O$ pour Maskelyne, pour les autres elle est $C^{31}H^{62}O$. L'identité des trois alcools, retirés des cires d'abeilles de Carnauba et de gomme laque, n'est donc pas démontrée.

Ayant été amené en étudiant la cire de gomme laque à comparer l'alcool isolé de cette cire aux alcools retirés des cires d'abeilles et de Carnauba, nous croyons utile de rap-

(1) Brodie. — Ann. der chem. u. Pharm. t. LXXI, p. 143.
(2) Story Maskelyne. — Journ. chem. soc. London (2), t. VII, p. 87 ;
        Bulletin soc. chimique, t. XII, p. 382.
(3) Von Pieverling. — Liebig's Ann. chem. t. CLXXXIII, p. 344.
        Bull. soc. chimique, t. XXVIII, p. 177.
(4) Benedikt et Ulzer. — Monatshefte 1888, p. 579.

porter ici un certain nombre de faits à ajouter à l'histoire de ce composé.

L'alcool que nous avons retiré de la laque fond à 88°, il est éthérifié en partie par un acide, fondant à 91°, qui est l'acide mélissique — 88° et 91° sont les températures trouvées par Maskelyne, nous avons donc commencé par préparer l'alcool de la cire de Carnauba.

Alcool de la cire de Carnauba. — 100 gr. de cire de Carnauba, 100 gr. de potasse et un litre d'alcool à 95°, chauffés au bain marie, sont maintenus à l'ébullition, pendant huit heures, dans un ballon, muni d'un réfrigérant à reflux. Le produit de la saponification est filtré, après addition de deux litres d'alcool chaud, dans un entonnoir, chauffé à la vapeur. L'alcool, en refroidissant, laisse déposer des cristaux qu'on sépare par filtration : les cristaux délayés dans l'eau sont précipités par le chlorure de Baryum. Le précipité ainsi obtenu est décanté, lavé, essoré entre deux plaques de plâtre et desséché dans le vide sec. Lorsque la dessiccation est complète, on épuise par la benzine chaude. La benzine filtrée abandonne, en refroidissant, des cristaux qui fondent vers 88° ; les cristallisations dans l'alcool et la benzine ne changent pas le point de fusion qui reste fixé à 88°. Les cristaux, obtenus dans la benzine, sont souvent jaunâtres, la matière qui les colore ne se dissolvant pas dans l'alcool chaud, on peut les purifier par dissolution dans ce liquide.

L'identité des deux alcools de la laque et de la cire de Carnauba n'est pas douteuse, tous les dérivés obtenus éthers et acides ont les mêmes propriétés, qu'ils proviennent de l'un ou de l'autre alcool. Ce résultat atteint, nous avons cherché à comparer cet alcool avec celui de la cire d'abeilles.

Alcool de la cire d'abeilles. — La cire est épuisée par l'alcool bouillant, pour enlever l'acide cérotique ; le résidu insoluble est de la myricine impure.

Toutes les tentatives que nous avons faites pour obtenir de la myricine à point de fusion constant sont restées sans résultat ; plusieurs dissolvants, l'éther, la benzine, le chloroforme, l'éther de pétrole, l'acide acétique, l'acetone ont été essayés. L'alcool et la benzine mélangés à volumes égaux, permettent d'obtenir en deux ou trois cristallisations, un produit bien blanc fondant à 66°. Ce n'est pas de la myricine pure, car le point de fusion change si on la fait cristalliser dans un autre liquide. Ce n'est pas non plus une combinaison de la mycirine avec le dissolvant, le point de fusion ne change pas si on chauffe préalablement le produit à 100°. Néanmoins nous avons saponifié cette myricine impure.

Dans une saponification on a suivi la même marche que pour la cire de Carnauba ; dans une autre, au lieu de précipiter le savon par le chlorure de baryum, on le décompose par l'HCl ; l'acide palmitique et l'alcool myricique se séparent, on les sèche et on les dissout dans la benzine chaude. Pendant le refroidissement, l'alcool myricique cristallise tandis que l'acide palmitique reste en solution. Dans les deux cas l'alcool obtenu fond à 85°, c'est la température que Brodie a publiée. L'acide que l'on obtient, en oxydant l'alcool à l'aide de la chaux potassée, fond au même point 88°-89° que celui préparé par Brodie.

Si on multiplie les cristallisations de l'alcool myricique dans la benzine, le point de fusion ne change pas sensiblement, mais quand on opère la dissolution dans 1000 parties de benzine, les premiers cristaux déposés fondent entre 85 et 87. Encouragé par ce résultat, nous avons essayé d'autres dissolvants ; aucun de ceux, employés déjà pour la myricine, ne nous a donné des cristaux fondant à 88° ; toutefois, les cristallisations dans l'éther permettent d'élever le point de fusion jusqu'à 87°. Nous avons alors préparé une série d'éthers, avec l'alcool de cire d'abeilles, pour les comparer aux éthers de l'alcool fondant à 88°. Tous ces éthers (oxalique, acétique, phtalique, etc.) fondaient de 1 à 3 degrés au dessous des éthers c :respondants préparés avec l'alcool de laque.

En particulier, l'éther oxalique, obtenu avec l'alcool de cire d'abeilles, fondait à 88°,5 tandis que celui préparé avec l'autre alcool fondait à 91°. L'insolubilité de l'éther oxalique dans l'alcool bouillant nous faisait espérer que nous pourrions le purifier.

Ce que nous n'avons pu obtenir avec l'éther oxalique, s'est trouvé réalisé avec l'éther mélissique. Celui-ci est insoluble dans l'alcool bouillant, comme le précédent, mais il est de plus insoluble dans l'acide acétique chaud, il y avait là un double moyen de purification qui permettait d'espérer un résultat précis.

Pour préparer l'éther mélissique, l'alcool de Brodie est chauffé, en tube scellé à 140° pendant 6 heures, avec son poids d'acide mélissique. Le produit de la réaction est épuisé par de l'alcool bouillant qui dissout l'alcool myricique et l'acide mélissique non combinés ; l'éther est purifié par plusieurs agitations avec l'acide acétique chaud, au-dessus duquel il vient surnager sous forme d'une couche huileuse qui se solidifie en refroidissant ; sa texture est cristalline. La purification est achevée par une cristallisation dans la benzine qui laisse déposer des cristaux fondant à 92°, jaunâtres comme ceux que nous avons séparés de la gomme laque.

L'éther mélissique, ainsi préparé avec l'alcool de cire d'abeille, donne par saponification, un alcool qui fond à 87° dès la première cristallisation, son point de fusion s'arrête à 88°, si on fait de nouvelles cristallisations dans la benzine.

L'identité des trois principes retirés des cires d'abeilles, de Carnauba et de la gomme laque est donc établie. Cet alcool unique se trouve éthérifié par

L'acide palmitique dans la cire d'abeille,
   »   cérotique   »   »   »   Carnauba,
   »   mélissique   »   »   »   de gomme laque.

Comme vérification, nous avons préparé chacun de ces trois éthers avec l'alcool provenant de ces trois sources ; ces neuf composés ont été obtenus en chauffant en tube scellé $0^g,50$ d'alcool avec 1^g d'acide, à 140° pendant 16 heures, le contenu du tube a été épuisé par l'alcool chaud, et la partie insoluble purifiée par cristallisation dans la benzine. Voici les points de fusion trouvés :

Alcool myricique

	de gomme de laque PF 88°		de Carnauba PF 88°		d'abeille PF 87°	
	PF	P Sol.	PF	PS.	PF	PS.
Ether Palmitique	75	75	75	74,5	74	73
» Cérotique	87	87	86,5	86	86	85
» Mélissique	92		92		92	

L'alcool de cire d'abeilles fondait à 87°, il avait été purifié par cristallisation dans l'éther, la purification par transformation en éther mélissique étant un procédé très-long.

Préparation de l'alcool myricique. — L'alcool myricique se trouvant dans plusieurs matières cireuses, il nous paraît intéressant de rechercher quel est le procédé de préparation le plus avantageux, et de passer en revue les principales propriétés de cet alcool pur.

On peut retirer l'alcool myricique des trois cires déjà mentionnées, qui le renferment en assez grande quantité. Mais d'une part la cire de gomme laque n'est pas un produit commercial, d'autre part la cire d'abeilles ne donne qu'un alcool extrêmement difficile à purifier et dont l'extraction est fort pénible. C'est donc à la cire de Carnauba qu'il faut s'adresser pour obtenir pratiquement l'alcool myricique pur. Il suffit de saponifier cette cire comme il est dit plus haut.

Propriétés de l'alcool myricique. — L'alcool myricique est solide, blanc, fond à 88° et cristallise si le refroidissement est lent. A froid, il est très faiblement soluble dans la benzine, l'éther et le pétrole léger. A chaud, il se dissout abondamment dans la benzine, l'alcool, le chloroforme et la plupart des liquides riches en carbonne. Par le refroidissement de ces solutions, l'alcool myricique se dépose en cristaux microscopiques dont la forme varie avec le dissolvant.

Dans l'alcool ce sont de grandes aiguilles très-molles qui, pendant la dessiccation, se feutrent, s'écrasent et donnent une matière ayant l'aspect du parchemin, mais sans aucune ténacité. On peut éviter ce feutrage en agitant les cristaux, encore mouillés d'alcool, avec une grande quantité d'eau, ils se dessèchent ensuite sans s'accoler.

Dans la benzine les cristaux sont plus résistants, ils ont l'aspect de barbes de plumes, leur éclat est nacré quand ils sont secs. Dans le chloroforme les groupements cristallins sont plus ramassés.

Distillé à sec, l'alcool myricique donne d'après Brodie, le carbure correspondant $C^{30}H^{60}$, le mélène ; chauffé à 250° avec la chaux potassée, il donne l'acide correspondant $C^{30}H^{60}O^2$.

Un certain nombre d'éthers, de cet alcool, ont été préparés par Pieverling et Champion, ce sont les éthers chlorhydrique, iodhydrique, sulfhydrique, azotique, cyanhydrique. Les points de fusion attribués à ces éthers sont, sans doute, entachés d'erreur, puisque l'alcool qui a servi à les préparer n'était pas pur.

Les éthers dont les noms suivent n'ont pas encore été décrits ; nous les avons obtenus en chauffant en tube scellé, l'alcool myricique avec l'acide pur ou l'anhydride correspondant. Dans la plupart des cas, l'éther obtenu était peu soluble dans l'alcool éthylique chaud ; on séparait ainsi l'alcool et l'acide restés libres, le résidu était purifié par cristallisation dans la benzine qui dissout à chaud tous ces éthers et les dépose cristallisés pendant le refroidissement.

Ether acétique. — $C^2H^3O^2 - C^{30}H^{61}$. — On chauffe poids égaux d'alcool myricique et d'anhydride acétique à 140°, en tube scellé, pendant 6 heures ; le contenu du tube est lavé rapidement à l'eau chaude et purifié ensuite par des cristallisations dans l'alcool et dans la benzine, il fond à 73°. La benzine le dissout un peu à froid et par addition d'alcool, elle dépose des aiguilles fondant à 73°, l'éther acétique est, en général, plus soluble que l'alcool myricique. Il est à remarquer que son point de fusion

est le même que celui de son isomère, l'éther ethylmé-
lissique, ils fondent tous deux vers 73°.

La combustion a donné les nombres suivants :

	Trouvé			Calculé
C	79,54	79,49	79,99	80,00
H	13,11	13,24	13,22	13,33

L'éther acétique renferme 12,4 % d'acide acétique, le calcul exigerait, d'après la formule, 12,5.

Ether laurique. — $C^{12}H^{23}O^2$-$C^{30}H^{61}$. — Obtenu en chauffant à 140° pendant 16 heures, dans un tube scellé, poids égaux d'alcool myricique et d'acide laurique, pur et bien cristallisé dont le point de fusion était 44°.

Le contenu du tube est traité à deux reprises par 100 fois son poids d'alcool chaud. La partie non dissoute par l'alcool est très soluble dans la benzine et l'addition d'alcool donne un dépôt cristallisé dont le point de fusion est 69-70°, c'est aussi le point de fusion du produit qui cristallise, pendant le refroidissement, de l'alcool du 2ᵉ traitement.

Ether palmitique. — $C^{16}H^{31}O^2$-$C^{30}H^{61}$. — Préparé comme le précédent avec de l'acide palmitique pur, bien cristallisé et fondant à 62°. L'éther palmitique ne se dissout pas sensiblement dans l'alcool chaud. On purifie le produit insoluble par cristallisation dans la benzine chaude. Son point de fusion est 75°.

L'éther myricipalmitique constitue la myricine de Brodie, mais cette myricine, retirée de la cire d'abeille, n'a jamais été obtenue avec ce point de fusion. On a vu plus haut les difficultés rencontrées en voulant purifier cette myricine de cire d'abeilles.

Ether stéarique. — $C^{18}H^{35}O^2$-$C^{30}H^{61}$. — Obtenu en chauffant à 140° pendant 24 h., poids égaux d'alcool myricique et d'acide stéarique pur (1). L'éther obtenu est purifié comme le précédent, dont il a sensiblement les mêmes propriétés. Son point de fusion est 78°, il cristallise très bien par fusion.

Éther arachique. — $C^{20}H^{39}O^2\text{-}C^{30}H^{61}$. — L'acide arachique qui a servi, avait été retiré de l'huile d'arachide et purifié par le procédé de Heintz. On prépare l'éther myrici-arachique comme l'éther stéarique. Il fond à 84°, il est insoluble dans l'alcool bouillant, dans l'éther, un peu soluble dans l'acide acétique chaud et très soluble dans la benzine bouillante.

Acide cérotique. — $C^{27}H^{53}O^2\text{-}C^{30}H^{61}$. — L'éther myrici-cérotique a été préparé comme l'éther stéarique (2). Son point de fusion est 87°. C'est sensiblement le même que celui de l'alcool myricique, mais la confusion entre l'alcool et son éther n'est pas possible, le premier étant très soluble et le second complètement insoluble dans l'alcool éthylique bouillant.

L'éther myrici-cérotique est un des principes constituants de la cire de Carnauba.

Éther mélissique. — $C^{30}H^{59}O^2\text{-}C^{60}H^{61}$. — L'éther myricimélissique fond à 92°. Nous l'avons obtenu directement en partant de la cire de laque où il préexiste, on le prépare facilement comme l'éther stéarique.

Il est insoluble dans l'acide acétique chauffé au bain-marie.

---

(1) Cet acide stéarique pur nous a été gracieusement offert par M. Gérard, professeur agrégé à la Faculté de Médecine et de Pharmacie de Toulouse.

(2) Nous devons l'acide cérotique pur à l'obligeance de notre ami M. Marie, professeur agrégé à la même Faculté.

Ether oléïque. — $C^{18}H^{33}O^2 - C^{30}H^{61}$. — Il a été obtenu en chauffant à 125° pendant 7 heures dans un tube scellé privé d'air, l'alcool myricique avec le double de son poids d'acide oléique pur récemment débarrassé d'acide oxyoléique par cristallisation du sel de baryte dans l'alcool.

L'éther myricioléique a été purifié comme l'éther laurique. Il est peu soluble dans l'alcool chaud, son point de fusion est 65°.

Ether benzoïque. — $C^7H^5O^2 - C^{30}H^{61}$. — L'éther myricibenzoïque a été préparé en chauffant à 150°, en tube scellé, pendant 6 heures, l'alcool myricique avec le double de son poids d'anhydride benzoïque. Il est très soluble dans l'alcool chaud et cristallise par refroidissement. Il se dissout dans la benzine froide. Enfin il se dissout dans l'oxyde d'éthyle à chaud et se dépose en belles lamelles cristallines pendant le refroidissement. Cette dernière propriété a été utilisée pour achever la purification.

Le point de fusion est 70°.

Ether oxalique neutre. — $C^{30}H^{61} - CO^2 - CO^2 - C^{30}H^{61}$. — Préparé en chauffant à 140° pendant 6 heures, dans un tube scellé, l'alcool myricique avec le double de son poids d'acide oxalique desséché à 150°. A l'ouverture du tube, on constate l'existence d'une pression assez forte, l'acide oxalique s'étant partiellement décomposé.

L'éther oxalique est insoluble dans l'alcool bouillant qui enlève l'acide et l'excès d'alcool myricique. On achève la purification par des cristallisations dans la benzine chaude, l'éther oxalique cristallise bien dans le chloroforme. Son point de fusion est 91°.

La combustion a donné :

	trouvé		calculé
C	80,20	80,05	80,00
H	13,19	13,15	13,12

L'éther myricioxalique acide n'a pas été isolé.

Ether orthophtalique acide. — $CO_2H - C^6H^4 - CO^2 - C^{30}H^{61}$. — Obtenu en chauffant poids égaux d'alcool myricique et d'anhydride orthophtalique, dans un tube scellé, à 140° pendant 16 heures. On le purifie par des cristallisations dans l'alcool chaud ; l'excès d'anhydride reste en solution à froid tandis que l'éther cristallise bien.

La combustion a donné :

	trouvé	calculé
C	78,27	77,81
H	11,6	11,26

L'échantillon analysé contenait sans doute un peu d'éther neutre ou d'alcool libre.

Ether orthophtalique neutre. — $C^{30}H^{61} - CO_2 - C^6H^4 - CO_2 - C^{30}H^{61}$. — Pour le préparer il suffit de chauffer le précédent avec son poids d'alcool myricique, à 140 pendant 24 heures.

L'éther formé est presque insoluble dans l'alcool bouillant, et cristallise très bien dans la benzine, ce qui permet de le purifier. L'analyse a donné :

	trouvé	théorie
C	80,82	81,11
H	12,42	12,52

Les deux éthers orthophtaliques ont le même point de fusion 79° ; ils se distinguent facilement l'un de l'autre par leur grande différence de solubilité dans l'alcool bouillant.

Gascard. — 5.

DEUXIÈME PARTIE

Gomme laque de Madagascar

Chapitre I

Historique. — Description générale

La gomme laque de Madagascar se présente en masses sphériques ou ovoïdes (Pl. 1, fig. 1 et 2), traversées par une branche suivant leur plus grand axe. La grosseur, aussi variable que la forme, atteint à peine celle d'un œuf de pigeon. La couleur est d'un jaune grisâtre ; la surface rugueuse présente des marbrures plus blanches dues à ce que la couche extérieure très friable s'est détachée en ces points et laisse apercevoir d'autres parties moins colorées.

Au point de vue historique, nous avons trouvé la gomme laque de Madagascar signalée dans un seul ouvrage, celui du sieur de Flacourt. Elle semble en effet répondre à la description qu'il fait du « Litin bitsic ». Voici ce qu'il a écrit :

« *Litin bitfic* (1). — C'eft la gomme qui produit une efpèce de fourmis dans les Ampâtres (2), elle eft blanche & attachée à une

(1) De Flacourt. — Histoire de la grande isle de Madagascar, 1661, p. 150 ; litin veut dire gomme ou résine et bitsic ou vitsic signifie fourmi.

(2) Régions, encore très mal connues, s'étendant entre Fort-Dauphin et le cap Ste-Marie.

petite branche de bois, l'on voit dedans les petits fourmis atta-
chez; ie croy que c'eſt le vray *cancanum* de Dioſcoride. Le vulgaire
s'en ſert à faire tenir les sagaies dans leur manche » (1).

J. Virey a considéré aussi ce « Litin bitsic » de
Flacourt comme une gomme laque, voici ce qu'il écrivait
dans un article sur la laque.

« Lit-in-bitsic, nom d'une laque de Madagascar de
couleur et de consistance de la cire jaune, selon Flacourt,
d'un arbre non décrit. Elle est transparente en morceaux
épais, mais inusitée et inutile aux arts. » (2)

Nous ferons observer que Flacourt ne parle pas de la
transparence ni de la consistance du Litin bitsic. L'échantillon que nous avons entre les mains ne peut pas être
considéré comme transparent, il est très cassant et sa
consistance n'a rien de la mollesse de la cire jaune.
Cette différence tient-elle à ce que notre échantillon est
ancien ?

Vingt ans plus tard, dans une lettre sur la cire de
la Chine, adressée à l'Académie des Sciences et dont un
extrait figure aux comptes rendus (3), Virey fait encore allusion
à cette matière qu'il considère alors comme une cire, voici
ce qu'il dit :

« On reçoit de Madagascar une autre cire jaune transparente dite Lit-in-bitsic extraite par d'autres cochenilles

(1) Monsieur Catat, qui a été envoyé en mission scientifique à Madagascar, nous a dit qu'il n'avait jamais rencontré d'armes dans lesquelles
le fer fût réuni au bois par une matière résineuse. Il est vrai que la région
que Flacourt appelle les Ampâtres est très mal connue et qu'il écrivait il
y a plus de deux siècles.

(2) J. Virey. — Journal de Pharm. et de Chimie, t. VII, 1821, p. 515 :
Virey écrit Lit-in-bitzic ; dans l'ouvrage de Flacourt, le nom est écrit
Litin bitzic.

(3) Virey. — Comptes rendus, t. X, 1840, p. 666.

d'un arbre non décrit mais indiqué déjà par Flacourt. Toutes les laques, au reste, contiennent plus ou moins de véritable cire. »

Si on brise une de ces masses, les débris de gomme laque séparés du rameau présentent à leur intérieur une grande quantité d'alvéoles bruns (fig. 3 de la planche) (1). Ces alvéoles sont constitués par les carapaces des insectes femelles incrustées dans la gomme laque ; on peut les enlever facilement et à leur place reste une empreinte plus ou moins globuleuse. L'intérieur des enveloppes d'insectes est rempli d'une poussière brune.

La cassure de la gomme laque de Madagascar n'est pas homogène, on y voit des zones jaunâtres, translucides et des traînées blanches opaques, les premières sont constituées par la résine et les secondes par la cire, mais nous n'avons pas obtenu sur ce point de résultat aussi net que pour la gomme laque des Indes. Une macération dans l'alcool laisse une matière très blanche spongieuse qui ne présente pas de forme caractéristique.

Cette gomme laque se distingue immédiatement de celle des Indes par l'absence de matière colorante et par la forme des insectes qui est différente.

On rencontre aussi très souvent dans cette gomme laque des orifices *circulaires* ayant servi à la sortie de parasites dont les cocons se trouvent à l'intérieur ; un fait semblable, a déjà été signalé pour la laque des Indes.

(1) Nous remercions M. le docteur Morax qui nous a gracieusement peint cette aquarelle.

Chapitre II

Étude du rameau qui supporte la laque de Madagascar.

Le rameau qui supporte la gomme laque de Madagascar a été étudié dans le laboratoire de M. le professeur Guignard. M. Radais (1), chef des travaux histologiques, a pu reconnaître, que cette branche provenait d'un arbre appartenant à la famille des Lauracées.

Nous reproduisons ci-contre le dessin de deux coupes histologiques pratiquées dans ce rameau, l'une (A) à un niveau sain, et l'autre (B) à un niveau attaqué par les insectes.

Voici les observations que M. Radais a bien voulu nous communiquer sur ces deux préparations :

« La structure histologique du rameau sain (A) est,
» croyons-nous, suffisamment caractéristique pour permettre
» de rapporter la plante qui l'a fourni à la famille des
» *Lauracées.*
» La présence dans la région péricyclique d'un anneau
» scléreux accompagné, de distance en distance, par des
» faisceaux de fibres en fournit un bon caractère. On peut
» y ajouter la sclérose du suber suivant des zones tangen-
» tielles parallèles, et enfin la présence de cellules à huiles
» essentielles isolées.
» Toutefois, ces cellules secrétrices sont rares dans

(1) Nous prions M. Radais d'agréer nos vifs remerciements.

» l'échantillon observé : s'il en est ainsi dans toute la
» plante, il y aurait là quelque raison de croire qu'elle
» doit être rangée dans la tribu des *Perséacées*.

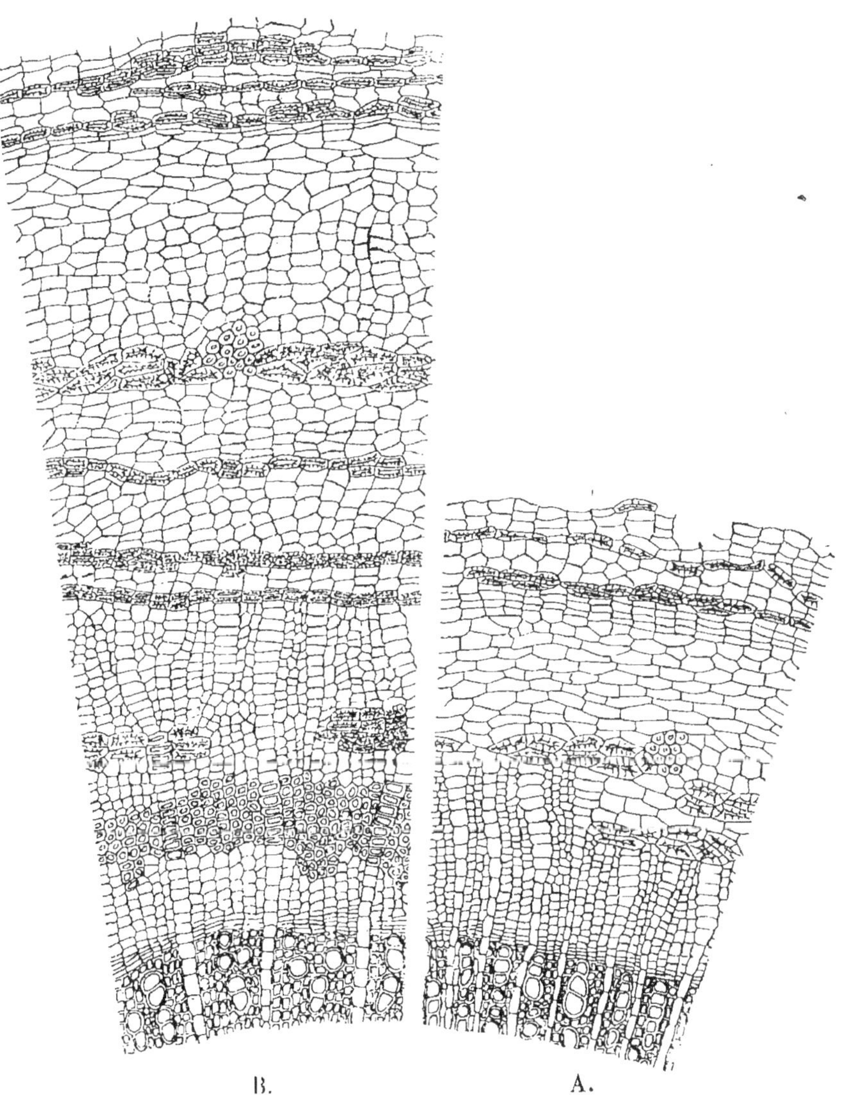

B.   A.

» L'examen de la seconde coupe (B), pratiquée au
» niveau attaqué par les insectes présente des modifications
» remarquables. Outre le périderme primitif déjà nettement
» établi à la périphérie de l'écorce primaire (comme on peut

» le voir dans la coupe précédente), un second périderme
» a pris naissance dans le cylindre central au-dessous de
» l'anneau scléreux. Le suber à zones parallèles sclérifiées
» produit par ce second périderme réalise avec les tissus
» mortifiés qui l'entourent un étui protecteur du cylindre
» central.

   » Enfin, le liber lui-même devient le siège de la for-
» mation d'une épaisse zone de fibres, voisine des parties
» jeunes de ce tissu.

   » La comparaison des deux coupes précédentes pratiquées
» dans des parties voisines d'un même rameau, c'est-à-dire
» dans des tissus contemporains, tend à prouver que cet
» ensemble de productions constitue une sorte de réaction
» de l'organisme végétal qui utilise pour sa défense mais
» avec un luxe tout particulier, les procédés naturels de
» protection dont il dispose. »

CHAPITRE III

Étude de l'insecte qui produit la laque de Madagascar.

Monsieur le professeur Targioni Tozzetti, qui a bien voulu étudier et décrire l'insecte producteur de cette gomme laque, résume ainsi son travail : (1)

« La cochenille de la laque de Madagascar (car il
» n'y a pas de doute qu'il s'agit d'une cochenille) est
» voisine de celle de la laque des Indes. Toutefois elle
» est assez différente pour en faire une espèce d'un genre
» particulier, à reporter avec le genre Carteria (2) (que je
» maintiens sous cette dénomination pour l'espèce de la
» laque des Indes) à un même groupe, qui se rapproche
» des Kermès Am. Serr. (sensu proprio), et par ceux-ci,
» va se ranger parmi les Lecanites (ou Lécanines ou Léca-
» nidées si l'on veut). Quelle que soit la nature de la
» sécrétion de la laque de Madagascar et son origine,
» les rapports des insectes avec elle sont identiques à

(1) Nous donnons ici le résumé que M. Targioni Tozzetti nous a adressé lui-même, peu de temps avant la soutenance de cette thèse, alors que son travail, que l'on verra plus loin, n'était pas encore complètement achevé.

(2) » Je regrette de renvoyer en synonymie le nom de Tachardia » lacca de M. Blanchard, mais le nom de Carteria lacca, pas très-bon » lui-même, a une antériorité incontestable et il faut y revenir ». Targ. Tozz.

» ceux des insectes de la laque des Indes avec celle-ci.

» Partant des larves qui sont, pour les deux espèces,
» tout-à-fait des larves de Lécanites, les corps des femelles
» adultes sont déformés par un accroissement aboutissant
» à une forme allongée, plus ou moins prismatique. Celle-
» ci s'enveloppant du produit résineux de tous les côtés,
» rayonne de l'intérieur à l'extérieur de la masse formée
» par celui-ci, et se tient fixée par une des extrémités,
» où est la bouche, retournant au dehors l'extrémité
» contraire plus ou moins renflée et asymétrique, où se
» porte l'anus, au bout d'un relief dentiforme mitoyen d'une
» plaque tridentée, qui correspond au segment tergal du
» corps. — Le segment sternal porte tout près de son ori-
» gine, à l'extrémité orale, 4 stigmates, bien petits, dont
» cependant rayonnent à l'intérieur du corps 4 riches fais-
» ceaux de trachées. Ce segment s'épanouit en un renfle-
» ment gibbeux, qui se termine par une épine opposée à la
» dent qui porte l'anus et la plaque ou segment tergal.
» L'enveloppe du corps est toute parsemée de filières, qui
» prennent des dispositions spéciales tout près des stigmates.

» Ces dispositions sont bien différentes de celles qui
» appartiennent à la laque des Indes (et pour lesquelles il
» ne faut pas suivre les détails qui ont été fournis par
» Carter), quoiqu'il soit possible de retrouver les homo-
» logies qui les relient entre elles. Il ne faut pas non plus
» s'en rapporter à certaines espèces de *Carteria* dernièrement
» nommées par M. Maskel, et qui sont à reporter ailleurs.

» J'appelle *Gascardia* le genre des cochenilles de la laque
» de Madagascar et *Gascardia Madagascariensis* l'espèce qui
» produit cette gomme laque. »

Chapitre IV

Gomme laque de Madagascar (étude chimique).

Cette gomme laque traitée comme celle de l'Inde, par l'alcool bouillant, s'y dissout en partie, et la solution, en refroidissant, donne un dépôt partiellement cristallisé, c'est la cire; la résine reste en solution à froid. Quant à la partie restée après traitement à l'alcool chaud, elle est assez abondante et cède encore quelque produit à l'alcool, mais en petite quantité, et ce produit est amorphe.

Au contraire, ce résidu se dissout assez bien dans la benzine chaude. La benzine, en refroidissant, n'abandonne pas de cristaux; très lentement une masse amorphe se dépose, matière très élastique quand elle est imprégnée de benzine, très cassante après dessiccation.

Elle renferme de l'azote au nombre de ses éléments puisqu'elle dégage de l'AH^3 lorsqu'on la chauffe avec la chaux sodée. La cire et la résine renferment aussi de l'azote.

Si l'on pèse les différentes parties abandonnées par évaporation de la benzine ou de l'alcool, on trouve à la gomme laque de Madagascar la composition suivante :

Résines solubles dans l'alcool froid.	52,5 %
Cire soluble dans l'alcool chaud.	28,25
Produit soluble dans la benzine chaude	13,00
Débris d'insectes	4,00
Pertes	2,25
	——
	100,00

Nous étudierons successivement la cire puis la résine.

Cire. — Comme essai préliminaire, 2 gr. de cire brute sont dissous dans l'alcool additionné de phtaléine, on dose la quantité de potasse nécessaire pour saturer les acides libres, puis on fait bouillir avec un excès connu de solution alcoolique de potasse ; et après saponification, l'excès d'alcali restant est dosé. On trouve ainsi qu'il faut 2 gr. 5 de potasse (KOH) pour neutraliser 100 gr. de cire et 10 gr. pour les saponifier.

La saponification terminée, on cherche la glycérine dans la solution, dans ce but on opère absolument comme pour la cire de laque des Indes (page 24), le résidu obtenu par évaporation de l'alcool ne renferme pas de glycérine puisqu'il ne donne pas d'iodure d'allyle avec l'iodure de phosphore, ni d'acroléine avec le bisulfate de potasse.

Apparemment la saponification de cette cire donne des résultats comparables à ceux obtenus avec la laque des Indes. On trouve, en effet, des acides solubles à froid dans la solution alcoolique de potasse, dont les uns donnent un sel de plomb soluble dans l'éther. La majeure partie des produits obtenus par saponification est soluble dans l'alcool seulement à chaud et cristallise à froid ; ces cristaux précipités par le chlorure de Baryum ou de calcium et épuisés par la benzine après complète dessiccation cèdent à la benzine chaude deux principes, l'un qui reste en solution à froid, c'est un alcool, l'autre qui se dépose amorphe pendant le refroidissement, c'est un sel de Ca ou Ba. Voilà là une première différence importante, la cire de gomme laque de Madagascar renferme un acide dont les sels de Ca et de Ba sont solubles dans la benzine chaude. Il y a une seconde différence qui modifie complètement la nature de cette cire c'est qu'elle renferme surtout des acides azotés. (1)

Préparation de la cire. — Tout d'abord, nous avons employé, pour dissolvant, l'alcool comme nous l'avions fait pour la gomme laque en grains. En se refroidissant, l'alcool dépose la cire en partie cristallisée, et la résine reste en solution. Mais lorsqu'on essaye de purifier la cire, par de nouveaux traitements à l'alcool, elle ne se dissout qu'incomplètement; les propriétés du produit, dissous à chaque traitement, varient et finalement il reste, adhérent au ballon, une sorte de mastic qui se comporte comme un acide. Il se dissout en effet dans l'alcool froid, chargé de potasse caustique, et l'acide chlorhydrique le précipite de cette solution. Cet acide est amorphe, il renferme de l'Az. dans sa molécule et se décompose avant de fondre.

Nous avons essayé l'action d'un très grand nombre de dissolvants, pour séparer les principes immédiats qui constituent cette cire; nous sommes arrivés à des résultats peu satisfaisants. Nous n'entrerons pas dans le détail de ces expériences, dont l'exposé serait très long, disons seulement que la cire, retirée de la gomme laque de Madagascar, renferme au moins trois principes : l'un, amorphe, qui se présente au microscope sous l'aspect de granulations très réfringentes, les deux autres solubles dans l'acide acétique chaud et cristallisant pendant le refroidissement. Les cristaux se présentent sous deux formes différentes, les uns sont groupés en sphères, les autres en aiguilles formant des étoiles irrégulières. Les sphères sont insolubles dans l'éther,

(1) Nous avons vu au chapitre V qu'on trouve dans la laque en bâtons venue des Indes un principe très bien cristallisé qui est un éther myricique dont l'acide est azoté.

les aiguilles, au contraire, y sont solubles, mais toutes deux renferment de l'azote. De plus, il est probable que les unes et les autres sont des mélanges plus ou moins complexes, car nous n'avons pas pu obtenir un point de fusion constant.

Les aiguilles fondent de 60° à 65°. Les sphères fondent de 85° à 90°, mais une partie reste en suspension et ne fond que vers 103°.

Les résultats de ces expériences nous ont engagé à suivre une marche différente.

Nous avons épuisé la laque par l'alcool froid jusqu'à ce que celui-ci ne dissolve plus rien. Le résidu parfaitement blanc a été épuisé par l'acide acétique chaud, qui, en refroidissant, a déposé des sphères et des aiguilles, on les a séparées par l'éther. Enfin, ce que l'acide acétique n'a pas dissous a été épuisé par la benzine chaude ; en refroidissant, celle-ci a déposé un produit azoté, amorphe.

Voici la composition trouvée par cette nouvelle méthode:

Résine soluble dans l'alcool froid...............		57 %
Cire sol. dans acid. acétique 24 $\left(\begin{array}{ll}\text{soluble éther} & 17 \\ \text{insoluble éther} & 7\end{array}\right)$		24
Matière azotée soluble dans la benzine..........		12
Partie insoluble dans les dissolvants précédents et débris d'insectes....................		6
Perte.		1
		——
		100

Cire soluble dans l'acide acétique chaud. — L'acide acétique, en refroidissant, dépose des cristaux de deux sortes, des sphères et des aiguilles, on les fait sécher dans le vide au-dessus de la potasse et le produit sec est écrasé au mortier avec de l'éther ; après une agitation suffisamment prolongée dans un flacon bouché, on filtre l'éther et on distille.

Le résidu de la distillation est formé d'aiguilles, les sphères sont restées sur le filtre.

Chacune de ces deux parties est soumise à une saponification dans l'alcool et le produit de la saponification est traité comme celui de la gomme laque des Indes.

Saponification de la partie insoluble dans l'éther (cristaux en sphères). — On dissout 3 grammes de cette cire dans 200^{cc} d'alcool préalablement additionné de quelques gouttes de Phtaléine et de $0^{cc}1$ de solution de potasse, la liqueur se décolore quand la cire se dissout; il faut, pour rétablir la coloration, ajouter $2^{cc}7$ de solution de potasse. Le titre de la solution étant $1^{cc} = 0^g 0693$ de KOH, 100 gr. de cire neutraliseraient $\dfrac{0.0693 \times 2.6 \times 100}{3} =$ 6 gr. de KOH. Cette cire renferme donc $\frac{6}{56}$ d'équivalent d'acide libre.

On ajoute un excès de solution de potasse et après une ébullition de 8 heures, on filtre à chaud. Il reste sur le filtre une faible quantité d'un produit azoté.

Le liquide filtré laisse déposer des cristaux, le lendemain on les sépare par une nouvelle filtration, ces cristaux présentent deux formes, des aiguilles et des groupements sphériques. Ces cristaux sont délayés dans l'eau additionnée de chlorure de Baryum. Le précipité séché dans le vide, est épuisé par la benzine; en refroidissant, la benzine abandonne un dépôt amorphe qui ne fond pas à 100° et qui, calciné sur une lame de platine, laisse des cendres; celles-ci, dissoutes dans l'acide chlorhydique, donnent les réactions du baryum. Il y a donc là un sel de baryte soluble dans la benzine.

La benzine filtrée est distillée, il reste un produit, cristallisant très-bien, qui fond à 79°, c'est de l'alcool cerylique, nous le montrerons plus loin ; trois grammes de cire donnent 0^g 1 d'alcool.

Le sel de baryte, lavé à la benzine chaude, est décomposé par l'acide chlorhydrique, lavé à l'eau puis purifié par cristallisation dans l'alcool chaud. Il fond à 95°-98° et se solidifie à 91°. On applique à cet acide le procédé de Heintz, pour cela l'acide est dissous dans l'alcool, neutralisé par la potasse et l'acide carbonique, la solution alcoolique du sel de potasse, filtrée, est précipitée en 6 fractions. Les 4 premières sont obtenues avec l'acétate de magnésie, la 5e et la 6e avec l'acétate de baryte. L'acide de chacun de ces précipités est régénéré par l'HCl en solution aqueuse, lavé à l'eau et purifié par cristallisation dans l'alcool ; on trouve :

	P. F.	P. S,
N° 1	90-95°	87°
N° 2	92-100°	
N° 3	93-100°	97-92°
N° 4	100-102°	98°
N° 5	97-99°	94°
N° 6	104-108°	103°

On trouve des traces d'ammoniaque dans les solutions chlorhydriques d'où ces acides se sont séparés.

L'alcool, au sein duquel se produit la saponification et qui a été séparé des cristaux, renferme un excès de KOH qu'on précipite par CO^2 jusqu'à décoloration de la phtaléine. Après filtration l'alcool est distillé, le sel de potasse qui reste est repris par l'eau, précipité par le sous-acétate de Pb. Le précipité lavé, séché, est épuisé par l'éther. L'éther évaporé, abandonne une masse poisseuse qui brûle en répandant une odeur aromatique.

Le sel de plomb, lavé à l'éther, est décomposé par l'HCl, l'acide mis en liberté est soluble dans l'alcool froid ; précipité par l'eau, il se dépose amorphe, adhère au flacon et présente les propriétés de la résine.

Saponification de la partie soluble dans l'éther (cristaux en aiguilles). — En traitant cette cire soluble comme on a traité l'autre partie insoluble, on trouve qu'elle renferme des acides libres saturant 3^g,8 de KOH pour 100 de cire.

Les cristaux obtenus par refroidissement de l'alcool, au sein duquel on a produit la saponification, ont le même aspect. Le précipité barytique cède à la benzine un sel organique de Ba et de l'alcool cerylique (7 °/₀ au lieu de 3,3). L'acide séparé du sel de Ba lavé à la benzine fond à 90-95°, on le dissout dans l'alcool et on précipite en trois fractions (sans neutralisation préalable) par l'acétate de Ba. En régénérant les trois acides, on trouve les points de fusion suivants :

	P. F.	P. S.
N° 1	88-95°	70-88°
N° 2	89-91°	86-85°
N° 3	93-96° (100°)	94-90°

L'alcool mère de la saponification, charge d'un excès de potasse, est traité comme précédemment ; il donne donc un sel de plomb, que l'on traitera par l'éther et une eau mère dans laquelle on précipite l'excès de sel de plomb par le sulfate de soude. Le liquide filtré donne les caractères des formiates ; le même liquide distillé, après addition d'un excès d'acide sulfurique donne un liquide acide qui réduit le nitrate d'argent. Il y a donc un peu d'éther cerylformique dans la cire soluble.

Le sel de plomb sec traité par l'éther donne une solution et un résidu, celui-ci est du résinate de plomb. Quant à la solution éthérée elle abandonne par distillation une masse poisseuse ressemblant à l'oléate de plomb oxydé. L'acide de ce sel de plomb, chauffé avec de la potasse fondante, donne un produit dans lequel on trouve les réactions des acétates. Il y a donc probablement de l'acide oléique dans cette cire.

En résumé les deux saponifications qui précèdent montrent que la cire de la gomme laque de Madagascar renferme des acides libres, et aussi des acides azotés à sel de Ba et de Ca soluble dans la benzine chaude. L'un au moins de ces acides fond au-dessus de 100°.

On y trouve en outre de l'acide formique et peut-être de l'acide oléique. Une partie de ces acides éthérifie un alcool dont le point de fusion est 79° et que nous avons considéré comme de l'alcool cerylique. En comparant cet alcool avec celui obtenu de la cire de Chine, il n'y a aucun doute sur leur identité. Leur point de fusion est le même 79°; l'éther acétique de l'alcool de gomme laque fond à 65-66 comme l'éther cerylacétique.

L'alcool cerylique est en partie éthérifié par des acides de résine, ce qui est à rapprocher du résultat obtenu avec la gomme laque des Indes.

Les points de fusion trouvés, dans les essais de séparation tentés, prouvent une fois de plus ce que nous avons vu dans un chapitre précédent, c'est que la méthode de Heintz, qui donne de si bons résultats avec les acides gras, ne s'applique pas à ces mélanges d'acides dans lesquels on peut déceler la présence de l'Az.

Résine soluble dans l'alcool froid. — On obtient cette résine en distillant la solution alcoolique filtrée à froid.

Pendant la distillation, on constate que l'alcool, qui distille, est acide, que son odeur rappelle celle du rhum, enfin qu'il réduit faiblement le nitrate d'argent, il contient donc un peu d'acide formique.

Après la distillation, il reste dans le ballon une matière transparente, épaisse, ayant l'aspect d'un vernis de couleur jaune rougeâtre et dont la réaction est acide. On pèse le résidu, on le redissout dans un peu d'alcool et on neutralise avec une solution alcoolique titrée de potasse. Il faut 7 gr. de KOH pour neutraliser 100 gr. de résine. Cette neutralisation effectuée, on redistille l'alcool, on délaye le résidu dans l'eau et on précipite par l'acétate de plomb. Le précipité est lavé puis séché entre deux plaques de plâtre et dans le vide.

La dessiccation obtenue, le produit est pulvérisé et épuisé par l'éther à 65°. L'éther, filtré et distillé, laisse un résidu jaunâtre, poisseux, ayant l'aspect de l'oléate de plomb oxydé, mais ne renfermant que 8 °/₀ de plomb (l'oléate renferme 26,9 °/₀).

Le résinate de plomb, insoluble dans l'éther, est décomposé par l'acide chlorhydrique à l'ébullition, on obtient ainsi un produit qui ne se dissout pas sensiblement dans l'alcool (la résine soluble dans l'alcool froid, devient donc en partie insoluble par ébullition avec HCl). Les acides de résine, ainsi transformés, renferment encore de l'azote et se dissolvent dans une solution de potasse. Vu l'impossibilité de séparer les principes immédiats de ce mélange, nous l'avons oxydé par le permanganate de potasse en solution alcaline.

Oxydation de la résine. — La solution alcaline des acides de résine est additionné, à froid, d'une solution de permanganate de potasse. Au début, le permanganate est réduit instantanément, bientôt la réduction se ralentit, on ajoute de temps en temps de nouvelles quantités de la solution oxydante jusqu'à ce que la liqueur présente les réactions de l'acide oxalique. A ce moment on filtre, puis on acidule par l'acide sulfurique ; un léger précipité se sépare, il est soluble dans l'alcool froid et donne un sel de baryte amorphe. La solution, chargée d'un léger excès d'acide sulfurique, est distillé en partie ; le liquide distillé est acide, on le neutralise et on l'évapore au bain-marie, on obtient ainsi un sel cristallisé dont l'acide, de consistance huileuse, possède l'odeur très nette de l'acide butyrique.

Le résidu de la distillation est agité avec l'éther qui dissout une faible quantité d'un acide à consistance visqueuse et à odeur forte ; l'eau séparée de l'éther renferme de l'acide oxalique facile à caractériser et à doser à l'état d'oxalate de chaux, on trouve 0^g72 d'acide oxalique pour 5^g de résine, ce qui ferait $14,4°/_0$. Il est accompagné d'une trace d'un acide organique soluble dans l'eau.

Nous avons vu que la solubilité de la résine diminuait après ébullition avec l'acide chlorhydrique ; il était intéressant de rechercher si la chaleur seule à 140° rendrait cette résine insoluble, comme cela a lieu avec la résine de la laque des Indes. L'expérience nous a montré que, après un séjour de 24 heures à 140° en tube scellé, la résine de la gomme laque de Madagascar était encore en grande partie soluble dans l'alcool chaud, mais qu'une forte partie se déposait amorphe pendant le refroidissement de l'alcool ; tandis qu'avant l'action de la chaleur elle était complètement soluble dans l'alcool froid. La solubilité a donc seulement diminué.

La résine de la gomme laque de Madagascar chauffée avec de la chaux potassée, dégage de l'AzH^3 ; chauffée avec une solution de potasse au 1/50, elle donne un dégagement d'AzH³ très faible mais qui se prolonge indéfiniment pendant que la matière se colore. Après oxydation au permanganate, le dégagement d'AzH³ se fait très facilement quand on chauffe la liqueur avec une solution étendue de potasse.

Il résulte de ces différentes expériences que cette résine renferme une petite quantité d'acide formique mélangé à des acides dout le poids moléculaire est très élevé et qui renferment de l'Az au nombre de leurs éléments. Parmi ces acides, on en trouve dont le sel de plomb est soluble dans l'éther, mais dont le poids moléculaire est beaucoup plus élevé que celui de l'acide oléique. Enfin par oxydation cette résine donne de l'acide oxalique avec des acides gras parmi lesquels très probablement l'acide butyrique.

L'étude chimique de la gomme laque de Madagascar que nous venons de faire n'est qu'une ébauche, elle montre cependant un fait : c'est l'existence d'une cire azotée ; ce fait important, que nous avons déjà signalé dans l'etude de la cire de gomme laque des Indes, mérite d'être approfondi. La faible quantité de produit dont nous disposons ne nous a pas permis de poursuivre cette étude, nous nous efforçons actuellement de nous en procurer une quantité suffisante, afin de rechercher la nature de ces acides azotés.

CONCLUSION

Dans la première partie de ce travail, nous avons établi un certain nombre de faits que nous résumerons ici :

1° Nous avons donné un procédé de préparation de la cire de la gomme laque applicable en grand, permettant d'utiliser les résidus de la préparation industrielle des vernis.

2° Nous avons étudié les propriétés de cette cire et déterminé sa composition. Rappelons qu'elle est formée de 50 °/₀ d'alcool myricique libre, additionné d'une petite quantité d'alcool cerylique, le reste étant composé du mélange des éthers mélissique, cérotique, oléique, palmitique de ces deux alcools, surtout du premier.

3° Nous avons isolé de la gomme laque en bâtons un principe cristallisé, ayant les propriétés physiques des cires, mais formé d'un acide azoté qu'éthérifie l'alcool myricique. Nous avons attiré l'attention sur ce point ; l'existence d'une cire azotée est un fait qui n'a pas encore été signalé et qui présente un grand intérêt. Il jette un jour nouveau sur le travail physiologique de l'insecte. Il montre que celui-ci intervient activement dans la production de la cire.

4° En étudiant la gomme laque en bâtons, nous avons établi que la cire n'y est pas intimement mélangée à la résine, mais qu'elle est localisée en des points déterminés. Elle forme presque à elle seule les houppes blanches qui se détachent de l'insecte et viennent se rendre à la surface de la laque ; Houppes qu'il est facile de mettre en évidence en laissant macérer quelques heures dans l'alcool à 90°, un morceau de gomme laque en bâton.

Le rôle de cette cire est de protéger les stigmates contre l'envahissement de la résine et d'assurer l'accès de l'air aux organes respiratoires. Elle est produite par les filières qui entourent en grand nombre ces stigmates.

5° Un chapitre a été consacré à résoudre cette question, plusieurs fois discutée mais non encore résolue, savoir si l'alcool myricique est identique à lui-même quelle que soit son origine : cire d'abeilles, de Carnauba ou de gomme laque.

Pour cela nous avons isolé l'alcool qui se trouve étherifié par des acides différents dans ces trois espèces de cire. Nous avons comparé les propriétés des trois alcools ainsi obtenus et nous sommes arrivés à les identifier.

6° Le point de fusion de cet alcool unique est 88° ; dans la cire d'abeilles il est accompagné d'impuretés très difficiles à éliminer, ce qui fait que Brodie lui avait attribué le point de fusion 85°.

7° L'alcool myricique pur étant obtenu, nous en avons étudié les propriétés et nous avons préparé et décrit douze éthers nouveaux de cet alcool.

Dans la deuxième partie de ce travail nous avons étudié une nouvelle gomme laque originaire de Madagascar.

8° Nous avons montré que, au point de vue chimique, on trouvait dans cette gomme laque une cire et une résine plus difficiles à séparer que celles de la gomme laque des Indes et dont les proportions sont très différentes. La gomme laque de Madagascar renferme en effet beaucoup plus de cire que l'autre, mais cette cire a une composition bien distincte.

9° La résine de la gomme laque de Madagascar se rapproche de celle des Indes au moins par ses propriétés physiques. Elle renferme des acides azotés, un peu d'acide formique. Oxydée par le permanganate en solution alcaline, elle donne des acides oxalique butyrique et de l'AzH^3 .

10° Dans la cire de la gomme laque de Madagascar, nous avons montré l'existence de l'alcool cérylique, éthérifié par l'acide formique, peut-être l'acide oléique et surtout par des acides azotés, qui se trouvent en partie à l'état de liberté.

Ce nouvel exemple de cire azotée montre bien que l'observation, rapportée dans la première partie de ce travail, n'est pas un fait isolé.

Les acides azotés se trouvent en grande quantité dans la cire de la gomme laque de Madagascar, néanmoins nous n'avons pas pu en développer l'étude, parce que nous ne possédions qu'une trop faible quantité de cette gomme laque. Nous nous occupons d'en obtenir de nouveaux échantillons pour essayer de poursuivre l'étude de ce point.

NOTE

SUR UNE

ESPÈCE DE LAQUE PROVENANT DE MADAGASCAR

ET SUR LA

LAQUE ROUGE DES INDES

AVEC

APERÇU SUR LES INSECTES QUI LES PRODUISENT

par **Ad. TARGIONI TOZZETTI**.

Professeur de Zoologie et d'Anatomie comparée des animaux sans vertèbres,
à l'Institut des études supérieures de Florence.

I

Laque de Madagascar

(Gascardia Madagascariensis N. g. N. sp.)

M. Gascard, de Rouen, il y a déjà assez longtemps (23 Août 1891) voulut bien nous communiquer, pour un examen entomologique, quelques exemplaires d'un produit singulier, dont il décrivait lui-même très bien dans sa lettre, les apparences immédiates (1) qu'on peut relever des figures I. A, B, C, prises d'après ses photographies.

(1) « . . . en masses réunies, ovoïdes, de la grosseur d'un œuf de pigeon,
» traversées par une branche suivant leur grand axe; l'intérieur est
» tapissé d'alvéoles de couleur brun-foncé remplis par des débris d'in-
» sectes, dont le tégument est englobé dans la résine. Ces insectes
» sont rangés autour de la branche, la tête tournée vers celle-ci; Le
» nombre des insectes dans chaque agglomération dépasse souvent 60. »

M. Gascard avertissait aussi que, à la surface de l'exemplaire sphéroïde (A, fig. 1), on apercevait « une grande
» tache blanche qui provient de ce que la surface jaunâtre
» a été enlevée mécaniquement »; et que le même exemplaire portait : « un trou qui paraît avoir servi à la
» sortie d'un parasite; on voit en effet, dans la plupart
» des morceaux que l'on possède, un cocon très tiré, au
» milieu des débris d'insectes, comme si ceux-ci avaient
» été dévorés par une larve qui se serait transformée sur
» place. Le parasite serait plus gros que l'insecte produc-
» teur de la résine. »

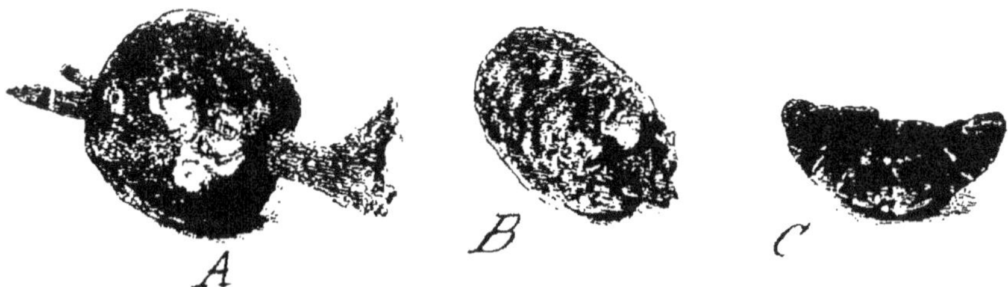

Fig. 1. — Masses de résine de *Gascardia Madagascariensis*. Targ. Tozz.
Grandeur naturelle. — A. Pièce presque sphéroïdale formée autour d'un
rameau, avec un trou de parasite. — B. Pièce ellipsoïdale, id. —
C. Pièce cassée, montrant à l'intérieur un vide pratiqué par la larve du
parasite.

Moins pour corriger que pour donner à la description,
l'étendue qu'elle exige, on peut ajouter que la surface des
masses, en général convexe, est aussi irrégulièrement lobée
et rugueuse, jaune foncé ou grisâtre, à cause de petits
pointillés ou traits linéaires, rougeâtres, minces et courts,
irrégulièrement disséminés; elle est semée aussi d'impressions plus profondément creusées comme de petits
trous irréguliers.

La masse elle-même, dans son épaisseur, de la surface d'attache à la branche autour de laquelle elle se forme, jusqu'à la surface libre extérieure, sur une hauteur de 3 à 5 mm., n'est pas tout à fait blanche comme le ferait supposer la description de **M.** Gascard, ou la figure de l'érosion superficielle assez étendue de l'échantillon **A** photographié; mais elle se compose de deux substances différentes; l'une jaune de citron, compacte, transparente, friable, à cassure résineuse presque rayonnante, du dehors en dedans (fig. II, *a*, *a*); l'autre jaune clair, opaque, plus friable encore, qui s'interpose à la première, tantôt sous forme

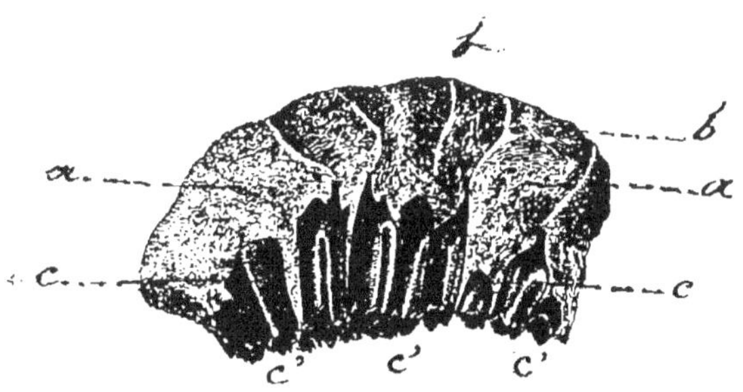

Fig. II. — Segment sphérique de la masse résineuse. — *a*. Substance résineuse jaune de citron. — *b*. Traînées jaune clair. — *c*. Corps des insectes entassés et rayonnants dans la masse. — *c' c'*. Ouverture du corps des insectes cassés à leur extrémité. (Grossissement i × **3**.)

de traînées linéaires verticales ou sinueuses (fig. II *bb*), tantôt sous forme de lamelles plus ou moins étendues, qui s'élargissent davantage vers la surface et viennent se confondre dans la couche jaune grisâtre qui apparaît en dehors.

Toute la substance des masses se dissout dans l'alcool bouillant, mais les particules formant les pointillés rougeâtres dont il a été question, restent comme d'informes corpuscules ou fragments indissous.

L'alcool absolu à froid cependant dissout seulement

une partie de la matière en se colorant légèrement en jaunâtre, et laisse un résidu abondant, opaque, spongieux, blanchâtre, très friable et qui se résout en petits corpuscules très réfringents de dimensions et de figures variées, dont un grand nombre simulent des corpuscules discoïdaux et annulaires.

Du reste, la nature des composants de la masse résineuse est l'objet du travail spécial de M. Gascard, et nous nous y rapportons entièrement.

Quoiqu'il en soit, la masse résineuse renferme, non seulement des débris, mais des corps d'insectes (fig. II *cc*), qui rappellent beaucoup ceux qui sont également renfermés dans les croûtes de la laque rouge des Indes. On les voit en effet sous forme de massues ou de coins prismatiques, rayonnant de l'intérieur à l'extérieur, dans la masse qui les contient et qui les enveloppe de toute part, excepté en dedans, en les recouvrant à l'extérieur.

L'extrémité plus étroite et interne de ces corps (fig. II *c', c', c'*, fig. III, A, B, C,) est tronquée, ouverte par lacération et dispersion d'une certaine partie, qui devrait établir leur connexion avec l'écorce de la branche et qui n'a pu être retrouvée dans nos échantillons cassés. Sur les bords plus ou moins échancrés de cette ouverture, s'élèvent les parois des corps qui, avec leur forme prismatique arrondie (fig. II *cc*, fig. III A, B, C,) plus ou moins quadrangulaire, présentent des faces simples ou sillonnées qui vont s'élargissant vers l'extérieur, tandis que les crêtes deviennent moins aiguës et se réunissent en un renflement sphéroïdal (fig. III B. C, *d*,) asymétrique ou bombée d'un côté, aplati de l'autre, par lequel les corps se limitent extérieurement.

Des faces de la partie prismatique, il faut en remarquer deux plus ou moins opposées *(ee)* sur lesquelles apparaissent, plus ou moins distinctement, deux fossettes elliptiques *(éé)* peu profondes, sur lesquelles il faudra revenir bientôt.

En observant l'asymétrie de la partie renflée de ces corps

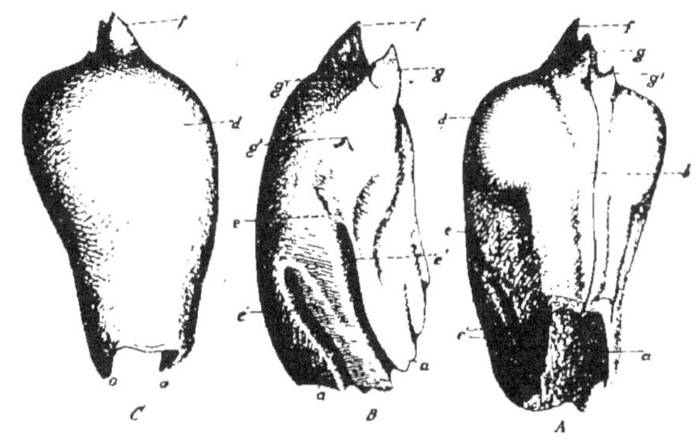

Fig. III, A, B, C, corps d'un insecte de *Gascardia Madagascariensis* vu de différents côtés. (Grossissement 1 × 8.)

A. — Insecte presque couché sur son segment renflé ; *a* ouverture cassée de l'extrémité orale ; — *b* segment tergal aplati et sillonné par le milieu ; — *e* face latérale droite, inégale, plus ou moins bombée ou plissée ; — *éé* fossettes elliptiques percées de filières et stigmatifères; — *d* renflement terminal du côté convexe du corps; — *f* dent terminale du même segment ; — *g* dent moyenne du bord du segment et de la face tergale, portant l'anus ; — *g'g'* denticules latérales.

B. — Le même vu de côté (mêmes lettres, mêmes indications). — *g'* denticule supplémentaire irrégulier.

C. — Le même vu du segment sternal, renflé (mêmes lettres, mêmes indications).

on aperçoit facilement le côté convexe, *(d e)* terminé par une dent *(f)* en forme d'épine droite et le côté *(b)* plus court, se reliant au premier par un bord dentelé aplati qui porte une dent moyenne *(g)* opposée à la dent terminale de l'autre et un peu plus courte, et deux denticules latérales *(g'g')*.

On peut rencontrer d'autres reliefs en forme de dents ou d'épines en divers endroits sur l'un comme sur l'autre segment (fig. III, B. g'').

Les corps des insectes sont de différentes dimensions, et tandis que les plus grands ont jusqu'à 5^{mm} de longueur sur 2^{mm} de diamètre à l'extrémité intérieure plus étroite qu'on peut nommer extrémité orale et 2,5 à 3^{mm} à l'extrémité extérieure ou aborale, on en trouve d'autres ayant, pour la même base, 3^{mm} seulement de longueur, qui ainsi

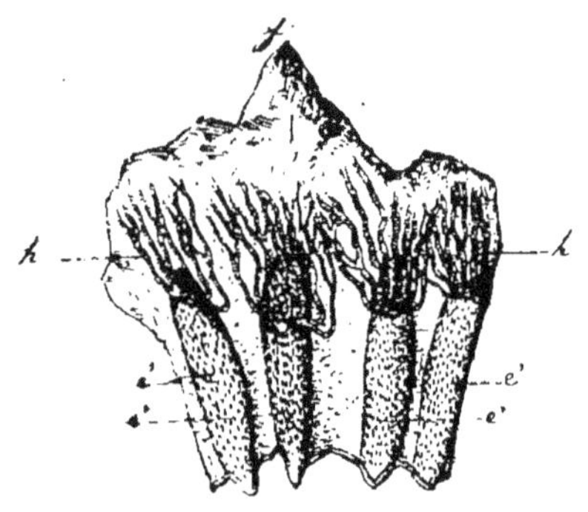

Fig. IV. — Corps de l'insecte bombé et vidé, ouvert et étendu sur le segment dont on voit en *f* par dessus et par l'intérieur la dent terminale et les côtés ouverts ; la pièce tergale est enlevée. — *é é*, aires elliptiques parsemées de filières. — *h h*, faisceaux de trachées à leur point de départ des stigmates. — *a a*, marge de l'ouverture de l'extrémité orale (voy. fig. III). (grossissement 1 × 8).
Figure un peu schématique.

semblent plus gros et arrondis, et d'autres qui sont au contraire plus minces et plus allongés. La couleur de ces corps isolés, brune plutôt que rouge, varie d'un ton plus foncé sur les vieux et la gibbosité terminale, à un ton plus clair pour les jeunes et vers l'extrémité orale.

La surface extérieure est plus ou moins luisante, mais spécialement sur la convexité de l'extrémité aborale et sur ses projections dentiformes, on la voit, à la loupe, parsemée de petites granulations aiguës.

L'épaisseur de la paroi très mince et parcheminée dans la partie prismatique, prend une épaisseur considérable et une consistance crustacée, rigide plus en dehors sur la partie convexe et sur les dents terminales.

Soumise ensuite à un plus fort agrandissement, toute la paroi présente de petits trous, plus différents selon l'état de la membrane qui la constitue et qu'ils traversent, ou selon les dispositions relatives que par eux-mêmes (fig. IV *é é*, fig. *V f.*)

Les trous circulaires *f*, à double contour, ont respecti-

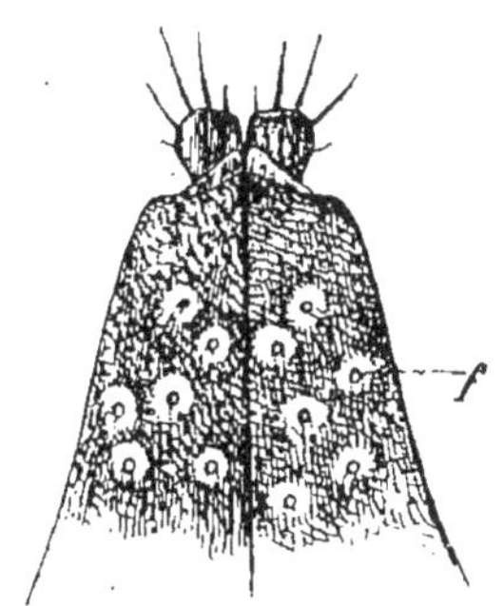

Fig. V. — *Gascardia Madagascariensis* Targ. Tozz. — Dent moyenne (*g*, fig. III, A) du segment tergal, après traitement décolorant prolongé. *f*, orifice des filières. — *l*, expansions lobiformes membraneuses qui paraissent à l'ouverture de l'anus. (Gross. 1 × 200).

vement de 7 µ, 2 à 4 µ, de diamètre, mais ils paraissent plus souvent elliptiques, se dessinant dans la section oblique d'un petit canal tubulaire qu'ils terminent à la surface ; ce canal est tantôt libre à l'intérieur, tantôt creusé dans l'épaisseur de la membrane pour une certaine longueur (fig, V, *f*).

Disséminés presque partout, et plus nombreux sur la partie convexe de l'extrémité aborale et vers l'extrémité orale sur la membrane de la paroi, les trous se rassemblent en plus grand nombre dans les 4 aréoles elliptiques allongées (*é é*, fig, IV), qui correspondent aux sillons déjà indiqués sur les faces latérales de la partie prismatique (fig. III, A, *é, é,*) du corps (V. page 92).

Cela se voit encore mieux (fig. IV, *é, é*) en ouvrant un de ces corps longitudinalement par le dos ou segment applati *b*, après l'avoir imbibé d'eau alcalinisée par la potasse en solution à 15 %, en traitant ensuite la préparation étendue sur la platine avec du chlorate de potasse et de l'acide chlorhydrique pour la décolorer, la lavant avec soin et la traitant en suite avec la glycérine ou, après des traitements appropriés, avec une solution de baume du Canada, ou quelques-uns des mélanges adhésifs et éclaircissants de gomme Dammar.

Presque au milieu de ces aires elliptiques on voit le commencement d'un riche faisceau de trachées (fig. IV, *h h*, fig. VI), qui après avoir donné des branches latérales et plus ou moins obliques ou transversales, donnent quelques gros troncs presque parallèles, ascendants, qui, sans s'amoindrir visiblement jusqu'à la fin, donnent à leur tour un grand nombre de trachées minces disposées sur un même plan, l'une près de l'autre, formant presque une membrane continue, jusque sous la voûte de la convexité terminale du corps.

Les trachées s'aperçoivent sans grande difficulté sur la préparation étendue, et qu'on observe de la surface intérieure.

Le nombre des troncs de trachées qui viennent d'une même origine et appartiennent au même faisceau, n'est probablement pas constant. Un des plus fournis nous en présente 7 et 8, de 16-24 µ de diamètre. Les petits ramuscules extrêmes mesurent à peine 2-3 µ. La tunique cellulaire, ainsi qu'il est facile à comprendre, reste indistincte dans nos préparations, même pour les troncs les plus considérables, la tunique élastique est très finement striée et presque continue (fig. VI *m m*).

Naturellement, à l'origine de chaque groupe de trachées, correspond un stigmate, mais le péritrême (*l*) est très petit et sous un épaississement considérable de la paroi (*l'*) forme un relief presque sphérique, convexe ouvert par un bord en croissant en dehors, concave en dedans. Le péritrême a quelque pièce intérieure très minime qu'on a

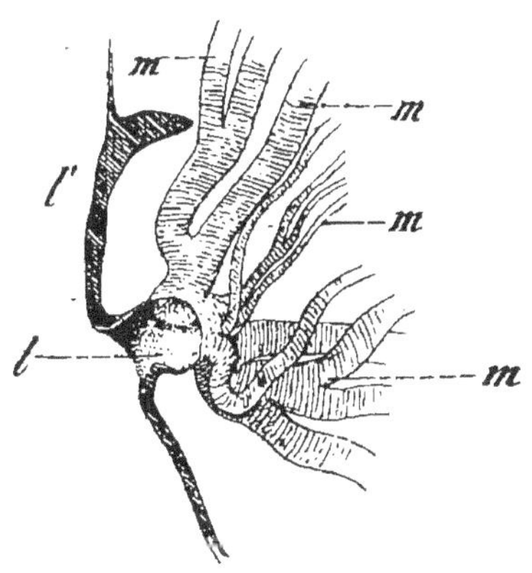

Fig. VI. — Stigmate et groupe de trachées correspondant à *h n* fig. IV; l'épaississement chitineux environne l'ouverture de l'enfoncement du péritrême *l* ; *m, m* faisceau de trachées (grossissement 1 × 200).

beaucoup de peine à voir et à comprendre, et il paraît que l'arbre des ramifications commence par une chambre vésiculeuse très limitée (*l*).

Toute tentative pour retrouver et reconnaître, encore en place, les organes de la bouche, à l'extrémité cassée ou orale qui devrait la porter n'a pas abouti.

Cependant, de la bouche on a pu rencontrer une fois

ou deux, l'appareil clypéo-labiaire, évidemment déplacé, au milieu du corps, et avec les soies tournées vers l'extrémité aborale.

Celà admis, la bouche se voit composée comme à l'ordinaire d'un clypeus carré en avant, triangulaire obtus et elliptique en arrière, suivi d'une lèvre courte subtriangulaire assez aiguë au sommet, probablement monomérique.

Larves.

Il est facile de rencontrer un grand nombre de larves dans le corps de plusieurs insectes.

Ces larves (fig. VII. A), colorées en rouge jaunâtre, sont

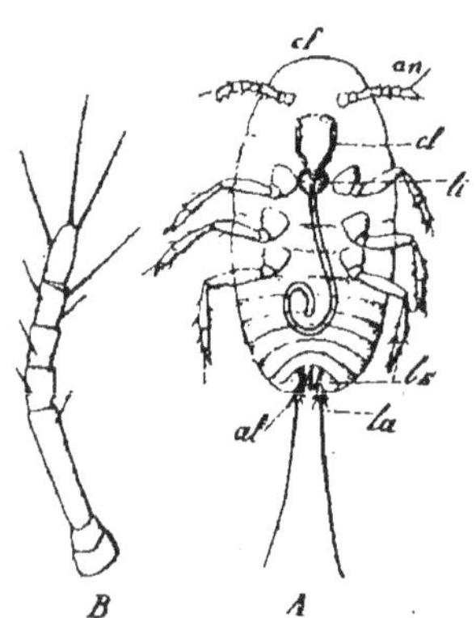

Fig. VII. — A, larve de *Gascardia Madagascariensis* vue de la face sternale (grossissement 1×100) : voir la description dans le texte.

elliptiques, aplaties, arrondies aux deux bouts, mais à l'extrémité postérieure profondément entaillées et bilobées ; les deux lobes sont composés d'un lobule plus grand (*lobus précaudalis*) qui termine l'avant dernier segment du corps, sur les côtés, à peu près triangulaire, creusé inférieurement (*ls*) superposé à un autre lobule plus interne et inférieur (*lobus caudalis*) articulé sur sa base, conoïde, un peu plus

long que le lobe extérieur, et terminé par une longue
soie (*la*) avec une autre soie très courte et mince de
chaque côté de celle-ci. On peut reconnaître sur la face
inférieure ou sternale de la larve un segment antérieur
céphalique ou frontal (*cf*), qui supporte les antennes (*an*)
et dont descend en arrière le clypeus (*cl*), jusque sous le premier segment du corps (protothoracique), laissant libre le
suivant (mésothoracique) et le dernier (métathoracique),
distincts entre eux, par l'insertion des pattes de la 1er 2e
et 3e paires.

La face tergale est nettenrent divisée en segments
céphaliques (antennaire et oral), 1er, 2e, 3e segments
thoraciques, et après, comme la face sternale, en 8-9
segments de l'abdomen, qui, un peu renflés au milieu
sont du 1er au 3e, transversaux et presque égaux du 3e
au 5e inclusivement, transversaux au milieu obliquement
inclinés de l'avant en arrière et de dehors en dedans sur
les côtés épimériques, et diminuant, d'ailleurs, rapidement
de largeur. Le 6e est en forme de croissant, ouvert en
arrière, fortement creusé sur la face sternale, terminé
en dehors par l'angle des lobes qui forment extérieurement ou supérieurement l'extrémité postérieure du
corps (*lobi precaudales*), qui renferment les lobes internes
(*caudales*), correspondants eux aussi aux extrémités latérales
du dernier segment. Entre ceux-ci, au fond de la division
qui les sépare, on voit un espace annulaire (anal), couronné de soies courtes dirigées en arrière, et contenues
dans le creux entre un lobe caudal et l'autre (*ul*).

Les antennes (fig. VII, B) sont insérées à distance du
bord antérieur, derrière et sous le front, et un peu plus
distantes entre elles que du bord frontal ; elles sont courtes,
repliées en arrière sur la base avec deux articles basilaires

sphéroïdaux aussi larges que longs, un 3e article cylindrique de la même grosseur que le 2e, trois ou quatre
fois plus long ; trois articles également cylindriques, un
peu rétrécis à la base, aussi larges que longs et un
article terminal conoïdal. Deux poils latéraux, l'un en
forme de soie très long, l'autre plus court, terminent
l'avant-dernier et le dernier article.

Les yeux manquent !

La bouche, avec l'extrémité des apodèmes du clypeus,
est en rapport en avant avec la base des antennes, et
étendue avec la lèvre, au delà du bord postérieur du
1er segment du corps.

Le clypeus est en avant rectangulaire, rétréci latéralement, elliptique en arrière ; lèvre d'un seul article,
un peu plus que hémisphérique. Soies maxillo-mandibulaires, courtes recourbées en anse sous le ventre.

Pattes antérieures plus rapprochées entre elles que
celles de la 2e et de la 3e paire, et un peu plus éloi-
gnées de celles de la 2e paire que celles-ci de celles de
la 3e. Les premières à la hauteur de l'extrémité du
clypeus et correspondant au 2e segment céphalique.

Hanche en tout conoïde, assez large à la base ; tro-
chantère petit, cuisse elliptique dans les pattes antérieures,
cylindrique ou linéaire dans les autres avec bords simples
sans poils.

Tibia linéaire assez large, tronqué à l'extrémité tarsi-
que ; tarse un peu moins long que le tibia, linéaire,
terminé par des unguicoles aigus.

Longueur du corps en $\frac{mm}{100}$. 31,7   Largeur 19,52
Antennes longueur totale. 9,76
    1-2 art. 2,44
    4-5 2,90

Clypeus longueur. 9,76   Largeur à la base. 48,8
Lèvre 5,7   »   48.8
    au milieu 2,44
    aux côtés 3,41

Pattes	Hanche	Trochant	Cuisse		Tibia		Tarse, ongle
	long.	long.	larg.	long.	larg.	long.	long.
1er	1,95	0,97	1.46	4,88		4,88	3,90
2e	2,44	0,97	1,22	4,88	0,97	4,88	3,90
3e	2,44	0,97	1,46	4,39	1,46	4,39	3,90

Incision postérieure du corps : largeur, 3,41

M. Gascard a déjà mentionné les trous qui traversent la masse résineuse, et un follicule qui se rencontre souvent

Fig. VIII. — Follicule de larve parasitaire. *a*, supportant des corps des insectes *b b b* de *Gascardia*, assez jeunes et sans enveloppe résineuse. (gross. I × 3).

à l'intérieur et sur lequel se trouvent également des corps des insectes de notre cochenille (fig. VIII, *a-b b b*). Ces corps sont généralement beaucoup plus courts que les autres

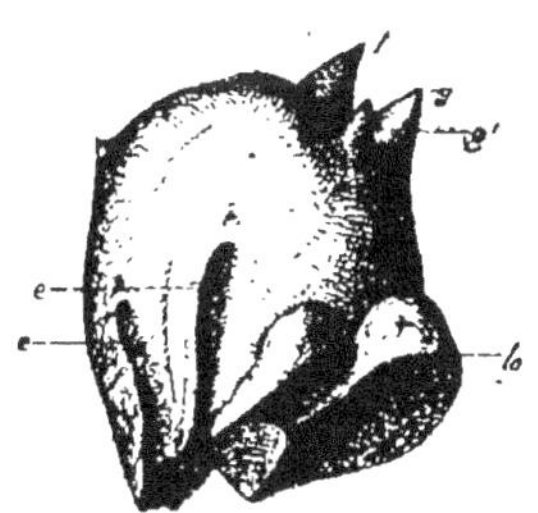

Fig. VIII *bis*. — Corps de *Gascardia* détaché d'un follicule de larve parasitaire (fig. VIII) *c*, *é*, *f*, *g*, *g*, comme fig. III, *l o* lobes préoraux. (Gross. I × 8).

renfermés dans la résine ordinairement, et qu'on pourrait prendre pour des jeunes, plantés sur le follicule lui-même, et quelquefois sur le corps d'une larve de laquelle, on trouve également des résidus et des fragments (fig. VII bis).

Il n'y a donc pas de doute que la masse résineuse est percée par une larve qui est de lépidoptère, et qui vient se loger et vivre au dedans, se nourrissant soit des insectes, soit de la substance de la résine.

On a pu reconnaître trop peu de la larve pour en donner une description ; mais le follicule (fig. IX) est un corps ovoïde, parcheminé, de 1 centimètre de longueur environ, fermé à une extrémité, ouvert à l'autre, avec un bord divisé en trois lobes, rapprochés par leurs bords, comme dans certaines tinéides.

Fig. IX. — Follicule de larve parasitaire de *Gascardia* isolé (grossiss. 1 × 2).

Fig. X.— A, Dépouille de chrysalide parasitaire de *Gascardia* (grossis. 1 × 2). — B, dernier segment de l'abdomen avec crochets (gross. 1 × 6.)

Son tissu est formé d'une soie très fine et serrée.

Dans celui-ci, on trouve souvent la dépouille d'une chrysalide ovalo-elliptique, parcheminée, mince, dont généralement la thèque céphalique manque (fig. X. A).

Les ptérothèques renferment entre leurs bords antérieurs éloignés, les cératothèques descendant sur les côtés de la face sternale, de l'avant en arrière et de dehors en dedans, courbées en arc et puis rapprochées par leurs extrémités postérieurement ; les thèques des palpes et enfin les podothèques, dont les plus en dedans, et les plus en avant par l'origine, sont les plus longues : on distingue aussi les segments abdominaux, dont, après le premier très long, on voit les deux avant derniers, et le dernier en forme de coupole conique terminé par 4 soies à crochet (fig. X. B).

Cela ne sert certainement pas à caractériser l'espèce, mais suffit cependant à faire reconnaître le groupe, qui ne pourrait être autre que celui des tineïdes.

Quant à la manière de vivre, la perforation souvent pas unique de la masse résineuse, le follicule qui aussi souvent se trouve dans la masse rongée à la partie centrale suffisent pour faire reconnaître que les larves elles-mêmes sont de vrais rongeurs de la laque et encore plus des insectes qu'ils dévorent de la base au sommet.

Follicules des mâles

Une *croûte mince*, brun rougeâtre, étendue à la surface d'un rameau, mais facile à en détacher, se montrait composée d'une couche de la même couleur, sur laquelle

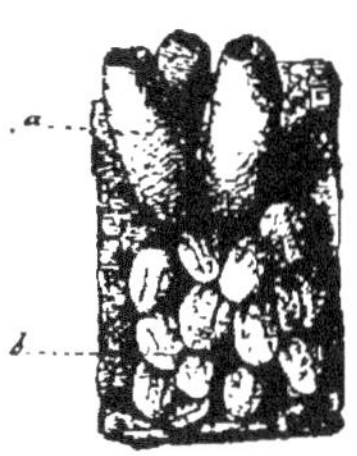

Fig. XI. — Croûte adhérente à l'écorce et portant : — *a*, follicules urcéolés ouverts de mâles ; *b*, dépouilles larvales de mâles ? (grossiss.. 1 + 15).

s'étendaient les uns à côté des autres, et un peu imbriqués, des corps discoïdaux (fig. XI, *b*) elliptiques de $0^{mm},16 \times$

$0^{mm},10$ peu adhérents, et des corps (a) urcéolés, digitiformes, de la même couleur, longs de $0^{mm},5$ et larges
d'environ la moitié de la longueur, percés à une extrémité
par une ouverture circulaire, ou fermés par un disque de
la même nature, évidemment désarticulé dans les autres
(fig. XI, a).

L'alcool a éclaici les corps des deux espèces emportant
un peu de leur matière colorante, et en laissant ceux-là
transparents sur les bords.

La potasse à froid, après avoir fait gonfler sensiblement les mêmes corps discoïdaux, en emportant une
matière colorante rouge brun, a fini par les dissoudre
complètement, excepté certains grains cristallins irréguliers
qui se sont trouvés réunis au milieu.

Les corps urcéolés ont une paroi assez épaisse, inégale, friable, dont la substance se comporte avec la potasse
comme celle des corps discoïdaux, mais plus réfractaire
si la solution alcaline est très diluée ; et après s'être
décolorée, elle forme une couche réticulée à petites mailles
à laquelle s'ajoute, peut être en une couche distincte, une
substance presque cristalline de la même nature, et des
fibres très friables et minces. Mais les corps discoïdaux,
aussi bien que les corps urcéolés, se relèvent sur une
couche crustacée, qui adhère à son tour à l'écorce de
la branche et qui porte les différents produits décrits ci-
dessus.

Cette couche, traitée de la même manière, se comporte
comme la substance des corps urcéolés.

Cependant la substance de la couche réticulée, si elle
s'étend sur une hauteur suffisante, se voit formée de prismes
très transparents de μ 6,44 — 8,9 de diamètre.

La masse filandreuse est composée de petits cylindres

friables, également incolores et transparents de environ
μ 0,5 de diamètre.

Pour nous, le rapport entre les corps urcéolés (*a*) et les
corps discoïdaux (*b*) qui se trouvent tout près étendus sur
l'écorce n'est pas clair ; mais d'après ce qu'en dit
Commstock pour d'autres corps semblables de ses *Carteria
larrea* et *C. mexicana*, comme on verra par la suite,
il est probable que tandis que les corps urcéolés sont
des follicules de mâle déjà vidés, les corps discoïdaux
seraient des dépouilles de larves de mâles aussi, n'ayant
pas encore formé de follicule. Il faut cependant remarquer
qu'ils disparaissent, comme on a observé, dans la potasse.

II.

Laque rouge des Indes

(*Carteria lacca* Signor.)

Sous bien des rapports, la laque rouge des Indes,
avec les insectes qui s'y trouvent renfermés (si vrai-
ment dans les diverses variétés du produit fournies par
le commerce, l'insecte est toujours le même), est assez
près, mais sous d'autres aussi très différente de celle de
Madagascar. La laque rouge est également en croûtes de
4, 5, 8 mm. et plus d'épaisseur. Celles-ci cependant
entourent rarement les branches des plantes, mais plus
souvent en contournent une partie sur une étendue plus
ou moins considérable, irrégulièrement. Ces croûtes, rouge-
brun, sont à la surface rugueuses ou tuberculées, non
sans une certaine régularité, parsemées de petits trous de

peut-être mm. 0,30 de diamètre, qui s'enfoncent verticalement vers l'intérieur, et de points blancs ou grisâtres.

En cassant la croûte, dans son épaisseur, on voit à peu près, comme dans la laque de Madagascar, dans la cassure, au milieu de la substance résineuse, transparente, les cavités elliptiques et des fragments testacés des corps ou les corps entiers des insectes qui les ont remplies, de dimensions proportionnées en général à l'épaisseur de la masse, les plus petits plus étroits et allongés, serrés les uns contre les autres, en grand nombre.

La croûte est quelquefois traversée différemment par d'autres corps, parmi lesquels il n'est pas difficile de distinguer des follicules et des débris de larves, qui ont vécu dans la masse en détruisant çà et là sa continuité.

Il faut remarquer cependant que, dans tous les cas, les corps des insectes, ou leurs cellules, restent compris entre deux couches de résine fortement colorée, dans lesquelles se dessinent des traînées droites très blanches, dont on voit l'origine (principalement dans la couche extérieure) de quelque point de la cellule ou du corps d'un insecte, et la terminaison à la surface libre de la masse, exactement à l'endroit des petits trous, ou des points blanchâtres qu'on a déjà remarqués, et dont la disposition schématique est représentée par nous fig. XVIII, (page 115).

En faisant agir tranquillement sur un morceau de résine détaché, l'alcool absolu, une partie de la couleur passe au dissolvant, qui prend une teinte rouge-jaunâtre, les corps renfermés restant seuls colorés, conservant leur forme et leur position respective entre deux couches incolores, l'une externe ou superficielle, et l'autre profonde au dedans, correspondantes aux deux couches extrêmes de la croûte indiquées ci-dessus. Sur la couche interne ces corps ovalo-elliptiques (fig. XII), s'enfoncent par une extrémité aiguë, tandis que la couche extérieure recouvre celle opposée.

Celle-ci, sensiblement renflée plus d'un côté que de l'autre, vient se terminer par 4 tubercules mamillaires ou digitiformes, tubulés, dont un, impair, mitoyen, plus petit terminé par une pointe aiguë. (*Ib.* fig. XII) ; un impair

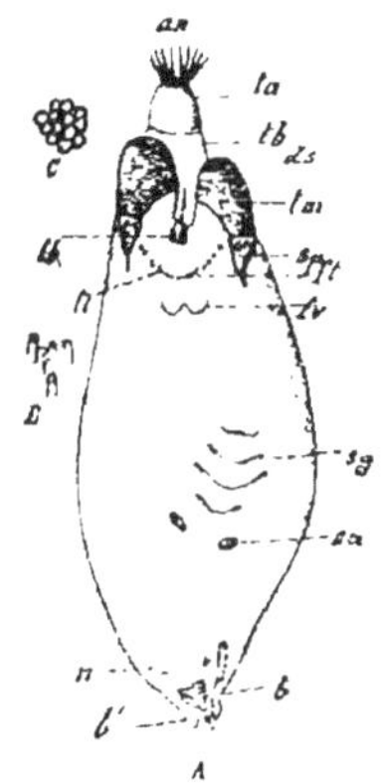

Fig. XII. *Carteria lacca* Sign. (figure un peu schématique). — A. Individu détaché renflé par la potasse vu du côté sternal. *A*, extrémité orale ; *b* bouche. — *b'* lobes oraux. — *n* antennes? *sa* stigmates antérieurs. — *sg* apodèmes segmentaires. — *fv* filière en chaîne du côté ventral — *sp* stigmates postérieurs près de l'extrémité aborale et *sp* figure en Y — *tb* tubercule mamillaire gauche (secrétoire Commst) du segment ventral. — *ds* disque terminal. — *tb*, *ta* articles basilaire membraneux, et terminal chitineux du tubercule impair du côté tergal. — *an* anus. B — filières simples de la chaîne *fv*. C — filières agrégées des extrémités des apodèmes *fl*. Gross. A 1 × 10. B et C, 1 × 100.

aussi, plus allongé (*ta* *tb*), composé d'un article basal, cylindrique, membraneux, peut être rétractile, et d'un article dernier conoïde arrondi presque tronqué, fortement chitinisé, chargé d'ornements que nous allons décrire, et terminé par un petit tube à ouverture circulaire au milieu de son extrémité. Il paraît le prolongement d'un côté du corps, un peu aplati, et comme il porte ce qu'on devra reconnaître pour l'anus nous dirons *tergal* le côté qu'il termine, en reconnaissant comme *sternal* le côté opposé, qui à son extrémité aiguë porte la bouche (*b*), plus en avant deux petits points (*n n*) antennaires, plus en avant encore (*s a*), deux stigmates très petits, et aussi des traces des divisions segmentaires du corps (*s g*), et des lignes et des groupes de filières (*fl, fr*), et vers la fin, tout près des tubercules déjà énoncés, deux stigmates (*sp*) encore plus grands et différents des autres, et tout près de ceux-ci deux autres tubercules cylindriques tronqués (*tm*) qu'il faudra examiner de plus près ainsi que les autres parties.

Ces insectes ont été étudiés autrefois par Carter, qui en examina la naissance et les transformations, cependant d'une manière pas trop réussie; ils ont été plus récemments revus par Commstock d'une manière presque complète.

Pressés l'un contre l'autre, les insectes apparaissent à l'état de dessèchement entre les deux couches de la laque comme des corps prismatiques et rayonnants de l'intérieur à l'extérieur de la masse, plissés sur les côtés, selon leur longueur.

Par l'action d'un peu de potasse, la substance rouge qu'ils contiennent, dans laquelle on peut encore reconnaître quelque organisation, finit par se dissoudre en se colorant d'un violet magnifique et les corps renflés prennent leur forme utriculaire, avec les parois membraneuses et transparentes plutôt que translucides, colorées en brun aux deux bouts. La bouche, qui n'a été observée ni par Carter, ni par Signoret, est portée ainsi qu'on a indiqué au plus aigu d'entre les deux bouts, caractérisé pour cela comme extrémité orale (fig. XII *b*, fig. XIII *m m s*), entre deux lobes trapezoïdaux (*b'* fig. XII, *l'* fig. XIII) rapprochés entr'eux, et qui ont leurs homologues probablement, dans ces renflements qu'on a remarqué près de l'extrémité orale de *Gascardia* (page 100, fig. VIII bis, *lo*).

Cet appareil (fig. XII *b b'* et fig. XIII), bien petit en comparaison du corps, soutenu à la base par d'assez forts apodèmes, (*ap*) est conformé sur son cadre comme d'ordinaire dans les cochenilles, et plus particulièrement dans les Lecanites.

Le clypeus est, ainsi que celui du *Gascardia*, un peu plus élargi, pentagonal avec un côté droit en avant, deux

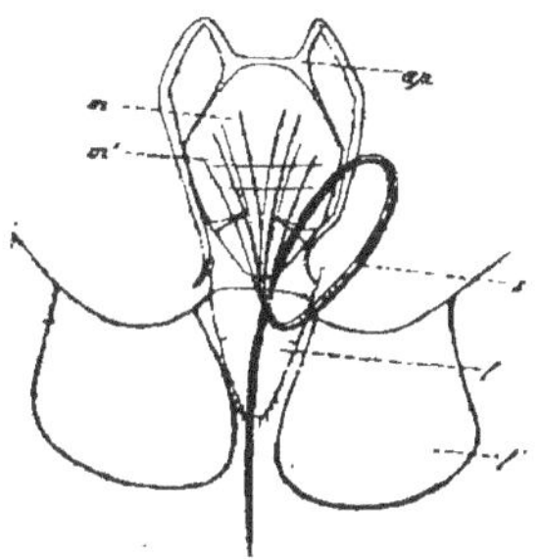

Fig. XIII. — Appareil de la bouche (v. A. fig. 12 *b*). — *l*, lobes oraux. — *s*, soies maxillo-mandibulaires, repliées en anse au dehors et à côté de la base de la lèvre. — *m m'*, base des soies maxillo-mandibulaires. — *ap*, apodèmes de la base du clypeus, (grossiss. 1 × 100).

latéraux droits et parallèles et deux convergents en arrière à angle un peu tronqué; derrière le clypeus se trouve la lèvre (*l*) conoïde, légèrement apiculée, avec des traces d'articulation transversale. Sous le clypeus apparaissent facilement, dans la disposition ordinaire les bases triangulaires des mâchoires et des mandibules (*m'm*), l'infundibulum du pharynx, et on voit sortir de l'extrémité du clypeus les soies qui s'introduisent dans la lèvre, mais qui, par leur extrémité, s'arrêtent à l'ouverture, qui est

au sommet de celle-ci, du moins dans des échantillons
où les insectes sont encore jeunes, et ne contiennent ni
larves, ni œufs formés. Elles sortent ensuite latéralement
en forme d'anse (s). Sur le corps, du côté sternal, on
voit les traces des apodèmes de segments transversaux
(fig. XII sg) qu'on a énoncés, et assez près de la ligne
moyenne, à 1/3 environ de la longueur totale, on voit
les premiers stigmates (fig. XII sa), que Carter n'a pas
vus du tout, et dont la nature est démontrée par les
deux faisceaux de trachées qui en partent vers l'intérieur.

Vus par Commstock dans sa *Carteria larreæ* (op cit.
tab. 19f. 1. g), ils sont dans la *Carteria lacca*, cylindriques
(fig. XIV) ou à peine en tonneau, de près de 60 μ de

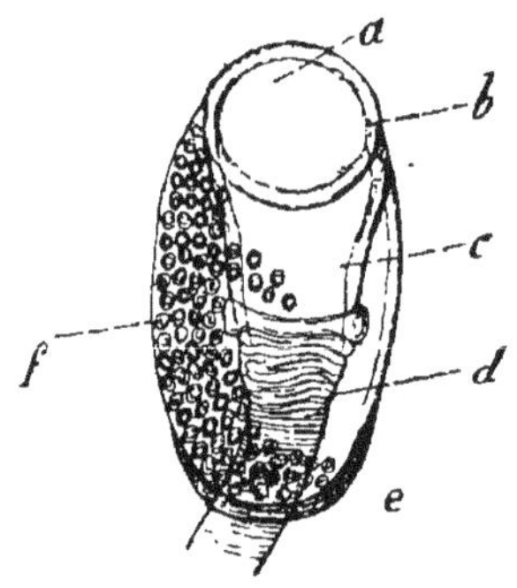

Fig. XIV. — Stigmate de la couple antérieure (sa, fig. XII). — a, ouverture
extérieure; b, bord renversé formant l'entonnoir passant à la chambre
des trachées: d, trachées. (Gross. 1×100.)

longueur entre les deux bases (a, e) ouvertes circulairement du diamètre de 36 μ. L'ouverture intérieure (e) est
très simple; au contraire le bord circulaire (b) de l'ouverture antérieure se replie intérieurement, en formant
une espèce d'entonnoir (c), qui se rétrécit de plus en plus,
et, simple d'abord, en se plissant après transversalement

— 110 —

(*d*), arrive par son extrémité plus étroite à la base de la chambre commune des trachées.

Toute la surface du tube est couverte des ouvertures circulaires des filières (*f*) très petites et très nombreuses de 1,8 — 2,0 µ de diamètre.

Sur le même côté ou segment sternal du corps, assez près du point où commencent à paraître les deux tubercules mamillaires paires (*tm* fig. XII), qui complètent l'extrémité aborale, apparaît une formation de figure plus facile à dessiner qu'à décrire, vue elle aussi par Comstock (tab. XIX. fig. II) que, en attendant, nous indiquerons comme semblable à un Y (fig. XII *s a*, fig. XV), avec la branche impaire (*s p*) tournée en avant vers la tête (en bas dans la figure) et en dehors ; les deux branches paires et plus

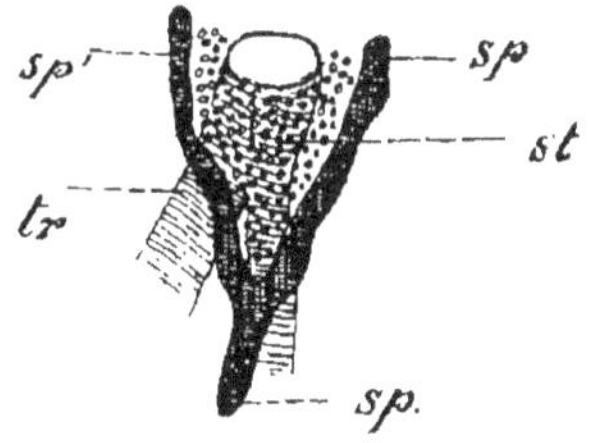

Fig. XV. — Figure en Y des stigmates postérieurs (v. fig. XII *sp*). — *sp*, branche impaire et antérieure ; *sp' sp'*, branches paires ; *st*, membrane criblée ; *tr*, trachées. (Gross. 1 × 60).

courtes dedans et en arrière (en haut dans la figure) (*sp' sp'* fig. XV). De ces deux branches l'extérieure est plus longue que l'autre. Entre les deux est interposée une aire triangulaire claire, spécialement vers la base, et criblée de filières nombreuses et rapprochées (fig. XIV *st*).

A cette aire aboutit de l'intérieur la chambre stigmatique d'un riche faisceau de trachées (*tr*).

Entre les deux figures en Y, sur le même côté, un peu en arrière, on voit rangée, pliée en M une série de petites filières (fig. XII *fr*). On voit aussi, sur l'autre côté, la trace d'un apodème tergal, qui se continue par ses extrémités, avec une suite de filières agrégées (fig. XII, *fl*).

L'article chitinisé *(ta)* qui termine l'article membraneux *(tb)* du tubercule tergal, asymétrique de l'extrémité aborale du corps, qu'on a déjà indiqué (v. p. 106, fig. XII), est surchargé à la surface de granulations aiguës très petites (fig. XVI *m*) jusqu'à une ligne circulaire, tout autour de laquelle on voit une rangée, double en quelques endroits, de soies raides articulées sur leur base *(p)*; et tout près, plus haut et plus en dedans, une rangée de petites écailles

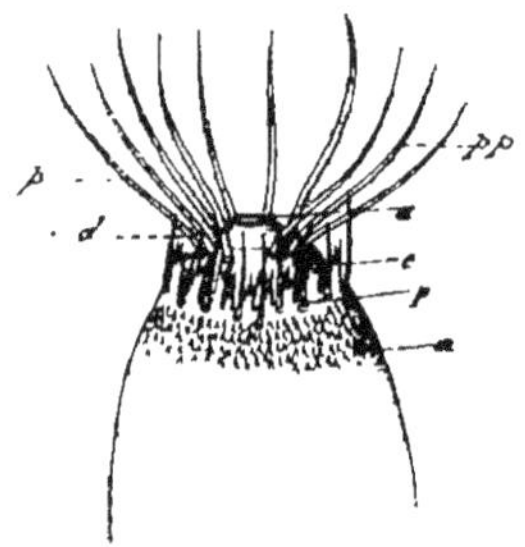

Fig. XVI. — Segment terminal chitiné du tubercule impair anal. — *m*, aspérités coniques ; *p*, rangée de poils articulés ; *e*, rangée des écailles ; *p*, soies rayonnant autour du disque *d* ; *a*, anus. (Grossiss. 1 × 60.)

bifides ou pectinées sur leur bord *(e)*. Plus en haut et plus en dedans encore, on voit aussi une autre rangée de Nº 10 poils sétiformes allongés rayonnants *(pp)*, tout en dehors et au-dessous d'un disque terminal épais plus étroit, qui est transpercé de filières, et qui, par des maniements un peu brusques, peut se rompre en fragments. Un peu d'un côté, ce disque est aussi traversé par un court tuyau cylindrique, ouvert, qu'on reconnaît pour un tuyau anal *(a)*. (Tubercule tergal à sa base 331 μ. — au sommet 294 μ. — hauteur 294 μ. Longueur des soies rayonnantes 488 μ. — grosseur 73 — 97 μ.)

Les deux tubercules symétriques (v. p. 106, *tm* fig. XII, du côté sternal, peu ou point flexibles à la base, ont un seul article chitinisé aussi, dont la chitinisation s'épaissit par degrés de la base au sommet, qui est tout-à-fait dépourvu de poils ou d'autres accidents à sa surface; mais leur extrémité est aussi tronquée et terminée par un disque épais (*ds* fig. XII, fig. XVII) encaissé dans le bord des parois latérales épaissies (fig. XVIIc), et divisé en plusieurs lobes ou aréoles relevées (fig. XVII *pf* largeur du corps mamillaire à la base, $\frac{mm}{100}$ 24,9 — 29,4; — diamètre du disque terminal, 17,0-19,0; — diamètres des plaques des filières, 4-5 sur long. 39-48).

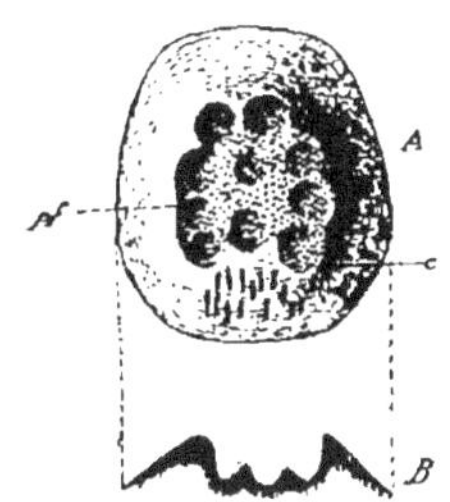

Fig. XVII. — Disque terminal des tubercules mammillaires. — *A*, projection sur son plan horizontal; *c*, cercle chitineux; *pf*, plaques de filières; *B*, section verticale du disque (Grossiss. 1 ×6 o).

Signoret s'en rapporte en général à Carter pour les détails qu'il n'a pas observés. Carter a vu en effet les insectes femelles renfermés dans la laque, avec une des extrémités allongée aiguë fixée à l'écorce et une extrémité obtuse, terminée par trois procès papillaires (sans égard au quatrième qu'il a manqué de reconnaître), continus avec trois cavités (?) qui se trouvent dans la laque elle-même; il a reconnu (guidé par l'anatomie de l'insecte qu'il a pratiquée), que le tubercule tergal impair, qui est à l'extrémité aborale du corps est un tube anal, et il a remarqué les poils rayonnants qui, à son avis, environnent l'ouverture de l'anus. Malheurensement il attribue à cette ouverture un rayonnement de trachées, dont il gratifie aussi la terminaison des tubercules symétriques du côté ventral, quoiqu'il ait, évidemment à tort, considéré comme des trachées, des mèches de filaments de résine (1), qui sortent des trous des filières des disques terminaux.

Commstock a vu bien mieux, et presque autant que nous (à qui ses indications et ses dessins ont beaucoup servi de guide), les insectes du *Carteria lacca*, et a pu les comparer à ceux des deux autres espèces du même genre qu'il a décrites. Nous convenons nous-même d'avoir pu ajouter bien peu à ce que Commstock a fait connaître très exactement, et cela pour quelques détails seulement, vis-à-vis de la bouche des stigmates, des ornementations du tube anal, etc.

Carter n'a pas manqué de nous renseigner sur les changements de la larve de la femelle, et surtout du mâle, et jusqu'à Kerr, la larve elle-même a fixé l'attention des observateurs ; mais c'est Signoret surtout qui a donné le plus de détails sur celle-là. Pour notre part, nous nous en rapportons à ce que nous avons dit de la larve de *Gascardia,* qui est toute semblable à celle de *Carteria lacca.*

Des états intermédiaires entre la larve et l'adulte nous n'avons pas d'observations à rapporter. On verra après, le parti qu'il faut tirer des caractères de la larve, pour la classification.

Des mâles de *Gascardia* nous avons rapporté ce qu'il nous est arrivé de voir, et nous n'avons rien trouvé des mâles de *Carteria.*

(1) On a vu page 51 que ces filaments sont formés de cire. *AG.*

On pourrait ajouter que les masses résineuses de *Carteria* femelles sont, elles aussi, transpercées d'ouvertures et d'érosions de larves de lépidoptères parasites, qui ont été déjà reconnus par d'autres, et dont les excréments fortement colorés, les cocons et les dépouilles des chrysalides sont bien remarquables.

Maintenant il s'agirait de savoir si la laque est un produit des insectes ou des plantes assez nombreuses, (43 espèces, d'après Watt.) sur lesquelles ils viennent s'insérer, et nous trouverions Kerr, Latreille étant du premier avis, Geoffroy jeune (Hist. Ac. R. Soc. Ann. 1714, p. 121) tâcher de rapporter le produit à une formation analogue à la cire des ruches des Abeilles, Chavannes y reconnaître deux substances différentes, dont l'une serait secrétée par le végétal, l'autre fournie par l'insecte, ainsi que la manne du *coccus manniferus,* etc., ou la cire des *ceroplastes.*

Ce qu'il nous paraît de l'observation des insectes portés par des larves ou des cocons parasites des *Gascardia,* c'est que ceux-là peuvent bien atteindre un certain développement sans être enveloppés de résine (fig. VIII bis, pag. 100).

Mais il y a peut-être plus d'intérêt à relever l'espèce d'adaptation des insectes à la vie submergée que la sécrétion résineuse, de quelque côté qu'elle vienne, leur impose à la fin. En effet, tandis que l'alimentation par la bouche leur est assurée par l'insertion des soies mandibulomaxillaires à l'écorce, la respiration serait tout à fait empêchée, par la secrétion résineuse, s'il n'y avait des filières, telles que celles des aréoles elliptiques des *Gascardia,* ou de l'extrémité des tubercules des *Carteria,* au moins, et qui donnent la matière poreuse des traînées blanches à l'intérieur des masses, en rapport avec les stigmates d'un côté, et la surface libre de l'autre. A cet égard n'ayant assez remarqué ces traînées et leurs rapports et considérant les tubercules sternaux de l'extrémité aborale comme des tubes secréteurs (évidemment de laque) Commstock n'a pas bien compris le mécanisme de la respiration, qu'il attribue d'une manière trop exclusive à l'action du tubercule anal.

L'anus vient s'ouvrir probablement au milieu d'une secrétion spéciale et poreuse aussi, fournie par les propres filières du segment anal dans les *Gascardia* ; il s'ouvre directement en dehors dans les *Carteria*, et cela en logeant son tube rétractile dans un tube praticable, au milieu de la

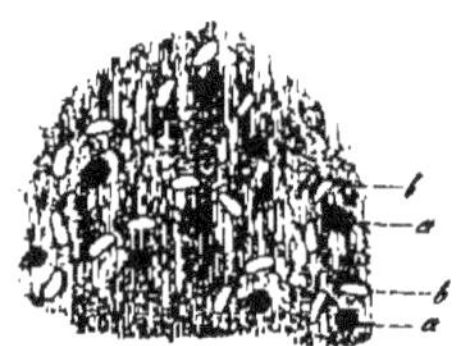

Fig. XVIII. — Shemas des ouvertures et des bouts des traînées poreuses qu'on voit à la surface de la croûte de laque. — *a*, ouvertures anales ; *b*, terminaisons des traînées blanches.

masse résineuse qui se maintient ouverte jusqu'à la surface, et a son orifice dans les petits trous dont cette surface est parsemée. Commstock a reconnu ce rapport, qui, avec celui des traînées blanches et poreuses, correspondant aux sommets des tubercules ventraux, apparaît bien mieux dans le schema que nous fournissons ci-après de la croûte résineuse à sa surface.

Après cela pour des insectes larvipares il n'y a pas à s'inquiéter de l'issue des larves de l'intérieur du corps de la mère. On voudrait plutôt connaître les moyens de rapprochement d'un sexe avec l'autre, qui doit être assez immédiat, car le mâle est sans ailes (Carter); mais à nous comme à Commstock cela n'est pas clair, et on ne voit pas quel usage peut remplir le 4e tubercule de l'extrémité aborale des femelles, qui paraît néanmoins un organe sexuel (fig. XII *lb* p. 106).

Pour une revue bibliographique étendue et la notice des lieux et des végétaux dont la laque est un produit d'une grande valeur, pour des analyses de ce produit, son emploi, son commerce nous croyons devoir mentionner seulement un article de *Watt. Dictionary of the economic products. of India. Art. Coccus* (vol. 2' p. 398) Art. *Lac* vol. 4' p. 570).

Nous voulons toutefois rapporter la mention d'une laque de Madagascar que les indigènes appellent *Lit-in-bitsic* qui se trouve dans *Flacourt,* dans la description de Madagascar, qui nous est indiquée par Geoffroy (jeune). Hist. Acad. R. des sc. Ann. 1714 p. 121.

III

Classification

Tout bien compris, maintenant, malgré les prolongements tubulaires de l'extrémité anale, soit des *Carteria,* soit des *Gascardia* adultes, nous ne voyons pas de raison de porter parmi les *Brachyscelides* de Schrœder ni les unes ni les autres.

Signoret autrefois (1874), en se justifiant du fait que les insectes de la laque sont apodes, et inclus dans la matière résineuse, comme dans une galle, Maskell à pré-

sent, ont eu cette idée, et ce dernier l'a suivie définiti-
vement pour des espèces de *Carteria*, que nous avons
beaucoup de peine à ranger dans ce genre, et à les assi-
miler aux autres. Cocquerel vient tout dernièrement de
ranger à côté de Signoret et de Maskel sur ce point, adop-
tant aussi, après **M.** Blanchard, pour les *Carteria*, le nom
générique de *Tachardia*, que Signoret lui-même a eu le
tort d'introduire dans la science, par un scrupule mal
fondé de nomenclature, en rejetant son institution pri-
mitive.

Quant aux *Carteria* véritables et aux *Gascardia* nous
les plaçons parmi les *Lecanines* (Lecanites ou Lecanidées
si l'on préfère) ; cependant il convient de mettre de côté
les espèces des sections faites avec ceux-ci par nous
mêmes (*Eriophori demum folliculares, Pulvinati, Ceriferi,
Nudi*) tous plus ou moins discoïdaux (1) avec tous les
Lecanium de Signoret (2), qui sont les plus nombreuses
de la tribu, et il faudra les rapprocher de nos *Lecanites
sphéroïdaux* et *vesiculeux*. (*Kermes*, Am. Serv., *Physokermes*
nob.). En effet, dans ceux-ci la convexité sphéroïdale du
corps, est formée par la paroi tergale, qui se soulève
toute entière circulairement autour de l'aire sternale des
larves, tandis que dans le *Carteria* et *Gascardia* en prenant
comme point fixe la bouche, le dos et le ventre se
soulèvent ensemble coniquement, portant l'anus et l'extrémité anale plus ou moins à l'autre bout.

Venant, après tout, plus spécialement aux définitions

---

(1) Targioni-Tozzetti. — Introduzione alla seconda memoria per gli
studi sulle cocciniglie. — Att. Soc. ital. di sc. naturali, tomo II, 1868.

(2) Signoret. — Catalogue systém. de toutes les espèces de coccides,
etc. — Ann. Soc. entomol. de France, série 5ᵉ, tome VI, page 645, 1876.

des genres et des espèces, il nous semble pouvoir exprimer les suivantes :

Fam. COCCIDAE Westw.

Tribu. LECANINI, (*Lecanites*, Targ. Tozz. — olim)

a) *spheroïdalia, vesiculosa*, (KERMES, PHYSOKERMES).
b) *vessiculata, conico-pyramidata*.

Femelle enveloppée dans une sécrétion résineuse, communiquant à l'extérieur par les produits de filières respiratoires et par la bouche à l'extrémité contraire (extrémité orale), fixée à l'écorce ; extrémité aborale convexe, asymétrique, avec l'anus au bout, d'un procès tubuleux moyen tergal.

Genre CARTERIA, Sign.

(*Tachardia* Signoret. *Coccus* Kerr. Fabr. Auct.)

Femelles agrégées ou solitaires, enveloppées de substances résineuses. — Axe du corps globuleux ou utriculaire entre la bouche et l'ouverture anale, presque droit. Tube anal membraneux rétractile, articulé au milieu, couronné d'un rayon composé d'écailles et de soies rigides ; stigmates 4 inégaux en deux couples sur le côté sternal. Deux tubercules mamillaires plus ou moins allongés, pourvus de filières à l'extrémité aborale, près des stigmates postérieurs mais distincts de ceux-ci, et un quatrième tubercule moyen terminé par une épine aiguë.

Bouche à l'extrémité orale, au milieu de deux lobes latéraux membraneux.

Mâle aptère ou ailé, formé dans un follicule operculé à l'état larval (Carter, Commstock).

1. CARTERIA LACCA, Signor. (1874). Commstock (1891).

Tachardia lacca Signoret (1886).
Coccus lacca **Kerr.** (1781).
Coccus ficus **Fab.** (1787).

Femelle. — Corps utriculaire elliptique ; tubercules mamillaires simples allongés :

Longueur de la femelle mm, 1,5 — 2,3. Laque rouge. — Habitat (V. Watt. pour la liste des plantes). India.

Couche résineuse étendue pluriloculaire rouge violacée, à surface irrégulièrement rugoso-tuberculée, percée de petits trous et parsemée de points blanchâtres à la surface, de traînées blanches à l'intérieur. Corps des femelles membraneux utriculaires allongés. Bouche très petite au milieu de deux lobes oraux, trapezoidaux membraneux. Tube anal allongé biarticulé. Tubercules mamillaires digitiformes allongés.

Mâle aptère formé dans un follicule aplati de résine (Carter),

2. CARTERIA LARREAE Commst. (1891),
(*Tachardia* l.). Blanch. op. cit.

Masses résineuses enveloppantes, solitaires ou agregées. Corps des femelles globuleux plus ou moins déprimés bilobés, élargis sur les côtés. Tubercule anal terminal assez court, tubercules mamillaires grèles rapprochés par la base à l'extrémité orale sur la face sternale. Ecailles du rayon environnant l'anus assez élargies, denticulées, soies rigides.

Mâle pourvu d'ailes ; armure génitale en forme de stylet long $\frac{2}{7}$ de la longueur du corps (= mm. 1). (Commstock d'après figure et description).

L'espèce vit sur le *Larrea mexicana*, formant de petits groupes ou des masses isolées d'une laque, employée par les Indiens Pinos du Colorado, pour en former des boules qu'ils poussent en avant en marchant d'un point à l'autre. (D'après Commstock).

Vue par M. Commstock en corps isolés, entourés de laque, dans la collection de coccidées du musée de zoologie comparée de Washington sur une espèce de Mimosa de Tampico.

3. Carteria mexicana Commst.

Masses résineuses enveloppantes, solitaires, globuleuses ou étoilées. Corps des femelles jeunes, déprimés, avec bord élargi, divisé en six lobes plus ou moins arrondis. Les antennes et la bouche portées en avant, et les tubercules mamillaires à la hauteur de la bouche sur les côtés, entre les deux lobes antérieurs du bord, pas sensiblement allongés ; tubercule génital situé au milieu entre la bouche et l'anus, anus en arrière.

Cops des adultes sphéroïdaux. — Tubercules mamillaires et tubercule anal très courts ; tubercule génital à la place ordinaire, terminé par une épine largement oblique à sa base.

— Espèces incertaines à notre avis :

1° Carteria Melaleucæ Massk. op. cit. p. 54, t. 12, f. 1–10. Laque en masse ou en corps distincts rouge-brun. Vit en Australie sur les *Melaleuca uncinata*, *Eucalyptus* sp. *Melaleuca pustulata*.

Tachardi Maelaleucæ. — Cocquer.

2° CARTERIA ACACIÆ Massk. op. cit. p. 56, t. 12, f. 11-15.
Laque rouge en masses ou en fragments irréguliers.

Tachardia Acaciæ. — Cocquer.

Acacia Greggi. — Australie centrale.

Il faudra joindre à ces espèces :

3° TACHARDIA GEMMIFERA Cockerell (Canadian Entomologist
1892, p. 181.

Les femelles solitaires vivent renfermées dans une cavité de la secrétion résineuse, rouge-brun, qui les enveloppe, avec une sécrétion blanche d'autre nature. Le corps sphéroïdal ovale un peu anguleux, porte quelques proéminences sur le dos. Long, larg. de la masse résineuse mill. 5, haut. mill. 4.

Mâle enfermé dans un tube cylindrique, long, mill. 1.

Larves rappelant pour les soies anales celles de *Dactylopius* avec tarses plus courts que les tibias.

(D'après la description très sommaire de Cockerell op. cit.

Genre GASCARDIA nouv.

Femelles adultes agrégées, enfermées dans une masse résineuse jaune, sphèroïdale ou elliptique ; corps testacé, prismatique du côté oral, subcylindrique après, avec extrémité aborale arrondie convexe renflée asymétriquement du côté sternal ; aplatie et terminée du côté tergal, par trois denticules, dont la mitoyenne, plus forte, vis-à-vis de la denticule du segment sternal, porte l'anus. Ouverture de l'anus simple, rehaussée par deux lobes membraneux.

Extrémité orale tronquée obliquement ; bouche ?....

stigmates 4 égaux, en deux couples presque sur la même ligne transversale et sur deux faces opposées de la partie prismatique du corps, contre deux aires elliptiques transpercées de filières pour chaque face.

Espèce unique.

GASCARDIA MADAGASCARIENSIS Targ. Tozz.
(Long. 4,5 ^{mm}. Larg. 3 ^{mm}).

Heureux d'assister aux préludes de la vie scientifique de l'auteur de cette thèse remarquable, et d'en tirer les meilleurs présages, nous avons intitulé de son nom le nouveau genre qu'il nous a paru bon d'instituer parmi les cochenilles laccifères.

I

Note bibliographique des ouvrages, plus essentiellement entomologiques, ayant rapport à la laque et aux insectes qui la produisent.

1. TACHARD.— (V. De la Hire Hist. Acad. des Sciences, Ann. 1710 (Chimie), p. 44).

2. REAUMUR, R. A. — Mémoires pour servir à l'hist. des Insectes, T. III, p. 29, f. 17 (1737).

3. GEOFFROY, E. L. — Histoire abrégée des Insectes, T. II, p. 484 (1762).

4. LINN, G. — Syst. natur. ed. XIII. T. I, pars. 2, p. 739 (*Kermès Ficus Caricae* 1767).

5. FABR, J. Ch. — Mantissa insector. T. II, p. 319, n. 7 (1787).

— Entomol. syst. T. IV, p. 225, n. 7 (1794).

— Syst. Rhyngot. p. 308, n. 8 (1803) (*Chermes Ficus*).

6. KERR J. — *Coccus Lacca*. Natur. hist. of the Ins. Which produces the Gum Lacca. Philosoph. Trans. of the R. Soc. of London T. LXXI, p. 374, 187 (1781).

— Samml. Zur Phys. und Naturgesch. T. III, p. 479-487 (1783).

— Fuesfly N. Magaz. T. III, p. 169 (1787).

7. ROXBURGH, W. — On the Lacsha or Lac-Ins. Trans. Soc. Bengal, T. II, p. 361 (1790). Philos. Trans. T. LXXXI, p. 228 (1791). Philos. Magaz. T. III, p. 367 (1799).

8. CARTER, H. J. — On the nat. hist. of the Lac Insect *Coccus Lacca*. The Ann. and Magaz. of natural Hist. Ser. III, T. VII, p. 1, f. 1 B, p. 1.

— p. 363.

9. LATREILLE, P. A. — Ueber das Lac Insect. Bullet. des sciences, 1815. Isis. T. VI, p. 1018-1020 (1818).

10. BURMEISTER, H. C. C. — Handb. d. Entomolog. T. II, p. 75 (1835) (*Coccus Lacca*).

11. AMYOT SERV., C. J. B. — Rhynchotes Gallinsectes. Ann. Soc. ent. fr., sér. 2ᵉ, T. V, p. 493. (*Cocci Lacca*) 1847.

12. AMYOT. — Hémiptères, p. 629, 1843 (*Coccus Lacca*).

13. CHAVANNES, A. — Notice sur deux Coccus cerifères du Brésil. Ann. Soc. ent. de Fr. Sér. 2ᵉ, T. VI, p. 139 (v. p. 143), 1848.

14. GRAY, G. T. — List of the specimens of the Hemipt. Ins. in the Collect. of the Brit. Museum. Part V, p. 1081 (1852) (*Coccus Lacca*).

15. GERNET. — Bullet. de la Soc. I. des Naturalistes de Moscou. T. I, p. 154, f. 1 (1864).

16. SIGNORET, V. — Essai sur les Cochenilles. Ann. Soc. Ent. de France. Série 5ᵐᵉ, T. IV, p. 102 (1864) (*Carteria lacca*).
— Op. cit. Sér. 6ᵐᵉ, T. VI. Bull. p. LXII (*Tachardia*), 1886.

17. COMMSTOCK, H. — Report of the Commissioner of Agriculture for the years 1881 and 1882. T. XIX-XX, p. 209, f. 19-20. Report on miscellanearis Ins. (*Carteria lacca — Carteria Larreae — Carteria mexicana*).

18. BLANCHARD, R. — Zoologie médicale. Vol. II, p. 449 (1890). *Tachardia lacca — Tachardia Larreae — Tachardia mexicana*).

19. MASKEL, W. M. — Trans. of the N. Zealand Institute, T. XXIV, p. 54, f. 12. (*Carteria Melaleucae, C. Acaciae*).

20. COCKERELL, T. O. A. — A new Lac — Insect from Jamaica — The Canadian entomologist 1892, p. 181. (*Tachardia gemmifera*).

II

Quelques ouvrages intéressant l'histoire de la laque
ou de ses applications.

1. POMMET, PIERRE. — Histoire générale des Drogues, chap. 43. Laque en batons, Cire des Indes. — In fol. Paris, 1694. — L'auteur rapporte à un sieur Rousseau la première notion de l'origine de la Gomme laque par « des insectes semblables à nos mouches ordinaires qui ramassent la rosée sur plusieurs arbres de la même manière que nous voyons ici les abeilles, et c'est à lui qu'on doit l'invention de la cire à cacheter, qu'il a appelé cire d'Espagne sous Louis XIII. »

2. GEFFROY (LE JEUNE). — Hist. de l'Acad. R. des Sciences. Ann. 1714, p. 121. — On y rapporte que Flacourt, dans la description de Madagascar, fait mention d'une laque appelée par les indigènes *Lit-in-bitsic*, en morceaux plus épais que ceux de la laque ordinaire, de la couleur de *l'ambre* ou *Koralé blanc transparent*, alvéolés, avec alvéoles remplis de chrysalides, qui se trouvent aussi dans la laque ordinaire.

3. HELLOT. — Théorie chimique de la teinture. Hist. Acad. des sc. (V. Mém. 1740) Ann. 1741.

4. ROXBURGH WILL. — On the Lasca or Lac-insect. Trans. Soc. Bengal. T. II, p. 361. 1799 (V. P. I* N° 7).

5. BRANDT und RATZEBURG. — Mém. Zool. T. II, p. 226, t. 26, f. 13-14.

6. VIREY. — Recherches sur les insectes de la gomme laque. Journ. de Pharmacie, 1810.

7. GUIBOURT. — Hist. nat. des drogues simples, T. II, Paris, 1849.

— Sur les cochenilles noire et grise de laque. — Mém. de Chimie, de Médecine et de Pharmacie, T. VIII, p. 9 (1831).

8. TARGIONI-TOZZETTI ANTONIO. — Corso di Botanica e materia medica, p. 615. Firenze, 1847.

9. WATT. — Dict. Econom, Prod. India, T. II (1889).

10. BLANCHARD, RAPHAEL. — Traité de Zoologie médicale, T. II, p. 449. Paris, 1890. Pour l'histoire naturelle, les lieux et les plantes d'origine, les formes et variétés commerciales, les altérations, le commerce, les emplois, etc.

LILLE. — IMPRIMERIE LE BIGOT FRÈRES.

A LA MÊME SOCIÉTÉ

Envoi franco contre mandat

Les Sciences biologiques à la fin du XIXᵐᵉ siècle. *(Médecine, Hygiène, Anthropologie, Sciences naturelles*, etc.), publiées sous la direction de MM. Charcot, Léon Colin, V. Cornil, Duclaux, Dujardin-Beaumetz, Gariel Marey, Mathias-Duval, Panchon, Trélat, Drs H. Labonne et Egasse secrétaires de la rédaction. — Cette publication forme un magnifique volume in-8º grand-jésus, imprimé à deux colonnes, de plus de 1.000 pages, orné d'un nombre considérable de gravures dans le texte.

Broché.. 32 fr. »

Cartonné.... .... 35 fr. »

Guide pratique d'accouchement, par le Dr Bureau, professeur agrégé d'accouchement. Conduite à tenir pendant la grossesse, l'accouchement et les suites de couche. Bel in-8º de 420 pages avec figures............... 6 fr. »

Guide pratique des Sciences médicales, publié sous la direction de M. le Dr Letulle, professeur agrégé à la Faculté de médecine de Paris, médecin des hôpitaux. Encyclopédie de poche pour le praticien. Ouvrage in-8º de 1,500 pages environ, cartonné à l'anglaise................. 12 fr. »

Formulaire de médecine pratique, par le Dr Monin (préface de M. le professeur Peter). Un vol. in-18 de 600 pages, cart. à l'anglaise...... 5 fr.

Thérapeutique clinique et expérimentale, par le Dr Quinquaud, médecin des hôpitaux, professeur agrégé à la Faculté de médecine de Paris. In-8º raisin de 350 pages environ................................... 10 fr. »

Guide pratique pour le choix des Lunettes, par le Dr A. Trousseau, médecin à la Clinique nationale des Quinze-Vingts. In-18 raisin de 80 pages environ, cartonné simili-cuir.................................. 1 fr. 50

Travaux d'ophtalmologie, par le Dr A. Trousseau. In-8º de 160 p.   3 fr. »

Manuel du Candidat aux divers grades et emplois de médecins et pharmaciens de la réserve et de l'armée territoriale, par le Dr P. Bouloumié, officier de la Légion d'honneur. In-12 de 385 pages....................... 5 fr. »

L'assistance maritime des enfants et les hôpitaux marins, par le Dr Charles Leroux médecin en chef du dispensaire Furtado-Heine, secrétaire de l'Œuvre nationale des hôpitaux marins. Préface par le professeur Verneuil, membre de l'Académie des sciences, chirurgien de l'Hôtel-Dieu. Un volume grand in-8º de 278 pages gravures et plans.................... 10 fr. »

L'Anthropologie criminelle et les nouvelles théories du crime, *deuxième édition* avec nombreux portraits hors texte de criminalistes français et étrangers, par le Dr E. Laurent, in-8º de 250 pages............. 5 fr. »

Formulaire pratique pour les Maladies de la Bouche et des Dents, par le Dr G. Viau, professeur à l'Ecole dentaire de Paris. — In-18 de 400 pages .... 5 fr. »

Les Accidents de la première dentition, par le Dr P. Poinsot, Directeur de l'Ecole dentaire de Paris. — Un volume in-18 cartonné, fer spécial, de 120 pages.. 3 fr. »

Traité élémentaire de Physiologie, d'après les leçons pratiques de démonstration, précédé d'une introduction technique à l'usage des élèves, par J.-V. Laborde, Directeur des Travaux pratiques de Physiologie à la Faculté, membre de l'Académie de médecine. Avec 130 figures dans le texte et 25 planches dans l'introduction. — In-8º de 450 pages.

Broché.. 10 fr. »

Cartonné à l'anglaise, fer spécial............................ 12 fr. »